世界級
葡萄酒大師

品酒超入門

THE
24-HOUR WINE EXPERT

Contents

前言

我從事葡萄酒寫作已有四十年，但每天仍會學到新事物，所以許多人認為葡萄酒令人畏懼，我對此一點都不意外。這本書的目的是希望能與讀者分享我的知識，讓你在 24 小時內成為一位有自信的葡萄酒專家，書中將省略那些無關緊要的部分，專注在真正有用的地方。

汲取本書中所有資訊，最好的方式就是儘可能找一些各式各樣的酒，利用周末或是幾個傍晚，跟朋友們一同分享。你做得愈多，學到的也將愈多。整本書中，我建議了一些有用的品酒練習，你和朋友們也許可以試試，每人帶個一瓶或二瓶書內建議的酒款。不要忘了手邊準備些吃的東西，這不僅是為了享受而已，也是學習食物與酒的搭配，並看看哪些組合有效的方式；同時，這也可以緩和酒精的效果，因為如果你什麼都記不起來，就不可能成為專家啦。

以一般 0.75 公升的標準瓶來說，可以很慷慨地分成六杯，倒成八杯也算合理，試酒時甚至可以分成 20 杯。也就是說，你可以組織一個蠻大的品酒團體，如果有些沒喝完的酒，我在第 105 頁有教訣竅，教你如何儲存。

如果你不想辦品酒會，也可以使用此書解答酒的問題。像是哪一種酒杯最能帶給你飲酒的愉悅？如何從酒架或酒單上選擇一款酒？酒與食

物是否相搭或如何相搭？如何看懂酒標？如何又快又簡單地掌握葡萄酒精要？我建議你也可以利用這本書作為參考。

這本書是受到 Hubrecht Duijker 睿智的想法所啟發的。他是極負盛名的荷蘭葡萄酒作家，以荷語寫成的《一星期成為葡萄酒專家》（暫譯，"Wine Expert in a Weekend"）是他 117 本暢銷書之一。

這本書的文字與結構是我個人的，而非 Hubrecht 的。我們兩人都很清楚，葡萄酒是世上最為普遍的飲品，許許多多酒友都希望多知道一些——但又不必投入時間與金錢去了解每個細節，或是變成專業人士。我希望，藉由葡萄酒知識的分享，能夠協助讀者從每杯、每瓶酒中獲得更多。

—— 珍希絲・羅賓森（Jancis Robinson）

Chapter
1

成為專家前的準備工作

葡萄酒是什麼？

我的看法

葡萄酒是世界上最美味、最刺激的飲料，種類多變且又複雜地令人惱怒。它可以帶給你歡愉，讓你的朋友看來似乎更加友善，同時與食物相搭配極為美好。

歐盟官方定義

葡萄酒是由採自葡萄的新鮮果汁，以發酵方式所得出的酒精飲料，發酵則根據地區傳統與慣例在原產地進行。

葡萄酒是如何釀造的？

發酵是關鍵。

在酵母作用下，糖可變為酒精與二氧化碳。蘋果汁可變成蘋果酒。麥芽可變成啤酒。即使成堆的廚餘，也能發酵。

當成熟葡萄裡的糖，遇酵母轉化為酒精及二氧化碳後，葡萄汁就會含有酒精成分。這裡所說的酵母，包括了周遭的、野生的，或是環境中原有的酵母，或者那些經過特別培育與挑選，效果可預期的商業酵母。

隨著葡萄日益成熟，葡萄中的糖分增加，酸度減少（果實也愈來愈軟，顏色愈來愈沒有那麼綠）。葡萄愈成熟，愈能提供更多糖分供發酵成酒精，釀出的酒也更為強烈（除非提早中止發酵，刻意留下一些糖分讓酒嚐來更甜）。

炎熱的氣候容易產出酸度較低、糖分較多的葡萄。如果發酵過程完成，釀出的酒將比涼爽區域更為濃烈。因此，夏天愈熱，葡萄就會愈成熟，通常也會釀出愈烈的酒。這也是為什麼產區離赤道愈遠，所生產的酒傾向於低酒精。舉例來說，義大利位於靴腳處的普利亞（Puglia），比起遙遠的北義，酒就顯得更為有力。同樣在釀酒事業剛起步（但進展迅速）的英國，葡萄酒就有著明顯而可覺察的高酸度。

當發酵作用將甜的葡萄汁轉化成通稱爲酒的含酒精液體時，它在裝瓶前會先經過一段熟成的時間——尤其是製作那些複雜、值得陳年的紅酒。至於富水果味與香氣的白酒，通常在發酵後幾個月內就會裝瓶，爲的就是要保存酒的果味與香氣。但是，比較謹慎的酒款，會在裝瓶前於不同容器中再熟成 1 或 2 年，這些容器的材質不一，大部分是容量不同、使用程度不一的橡木桶，因爲橡木對葡萄酒有特殊的親和關係。

熟成時所使用的橡木桶愈新、愈小，酒就更易於吸收橡木的味道。現在的流行趨勢是減少葡萄酒中明顯的橡木味，所以熟成時使用較老、較大的橡木桶，甚至不影響葡萄酒風味的混凝土槽，可說是愈來愈常見。至於那些設定爲年輕時即可飲用的酒款，易於清洗的不鏽鋼大槽則是最爲常見的熟成容器。

Note

葡萄愈成熟，愈能提供更多糖分供發酵成酒精，釀出的酒也更爲強烈（除非提早中止發酵，刻意留下一些糖分讓酒嚐來更甜）。

如何分辨紅酒、白酒、粉紅酒？

紅酒

　　幾乎所有葡萄的果肉都是綠灰色的，是葡萄皮決定了酒的顏色。黃或綠皮葡萄無法釀出紅酒。酒之所以是紅色，僅可能是用深色皮的葡萄來取汁，再以此葡萄汁釀成酒（帶皮帶籽的葡萄汁稱為"must"）。葡萄皮愈厚，或是葡萄汁與其接觸的時間愈久，葡萄酒的顏色就會愈深、愈紅。

白酒

　　灰白色皮的葡萄只能釀成白葡萄酒。但是經過仔細處理（避免葡萄皮的接觸），也有可能從深色葡萄中釀出白酒，通常這種葡萄酒稱為「黑中白」（Blanc de Noirs），最明顯的例子即是香檳。至於許多白酒呈橘色，則是因為葡萄汁持續接觸葡萄皮的關係。

粉紅酒

　　大部分粉紅酒之所以是粉紅色，主要是因為葡萄汁接觸深色葡萄皮的時間僅短短數小時而已。粉紅酒有時是由灰白與深色皮的葡萄混調，偶爾也會由已發酵的白酒與紅酒混合。這是一種日益受到重視的葡萄酒類型，不僅在夏季可以享用，一整年也都可飲用。

酒名要傳達的訊息是什麼？

　　傳統上，葡萄酒是以葡萄原產地來命名的。這即是所謂的「產區」：像是夏布利（Chablis）、勃艮第（Burgundy）、波爾多（Bordeaux）等等。但是自廿世紀中葉，當歐洲以外的新產區逐步發展後，愈來愈多的酒不依據地理區域命名，而是依照品種（依其主要使用的葡萄）的名稱予以冠名。

　　因此，酒標開始由葡萄品種所主導，像是夏多內（Chardonnay），它是夏布利酒的主要品種，其它的勃艮第白酒也是。另外還有卡本內蘇維濃（Cabernet Sauvignon）與梅洛（Merlot），它們則是波爾多紅酒所使用的主要品種，可參見本書第113頁〈喝葡萄酒前，先懂葡萄名〉，與第129頁〈你必須知道的葡萄酒產區〉。我在其中會清楚指出何種葡萄生於何處。

Chapter
2

選酒的技巧

如何選出適合你的酒？

想瞭解大部分零售商所販賣的各種葡萄酒？無論是酒架上的，或是網路上的都令人相當迷惑。我在第 24 頁提供了一個表格，內有 10 項小技巧可供協助。

如果不事先知道個人喜好，或是與選酒的人一同在現場，想要引領一個人找到特定的酒款幾乎是不可能的任務。有鑑於此，我自己的主要角色是提供消費者足夠的相關訊息，讓他們能夠作出合理的選擇。

當大家問我要如何選一款酒時，我總是建議他們要與當地獨立的零售商建立關係。葡萄酒零售店其實很像書店，只要告訴書店店員你喜歡什麼、不喜歡什麼，他們就可以依照你的需求，提供專屬於你的建議。所以，詢問個別的葡萄酒專業人士，要求他們建議相似，但更大膽、更物超所值，或釀得更好的酒款，其實是個蠻不錯的策略。

超市或許有著巨大的進貨採購能力，但它僅適合用來挑選便宜酒款。現今超市很少基於品質來選酒，這也是為什麼那些較小且獨立的酒商值得鼓勵，尤其是那些真正了解，而且在乎賣出的每瓶酒的酒商。

爲了讓你順利踏上葡萄酒之路，可以參考第 20 至 21 頁表格，內有一些稍爲大膽的建議。它們是依據「如果你喜歡 X 類的酒款，你將也會喜歡 Y」的想法而設計的。

　　但是，如果你寧願自己選酒，或者你所在的地方離實體商店很遠，最好利用各種可得的紙本或網路資訊。對此想要知道更多，可參照本書第 22 頁〈如何從餐廳酒單裡選酒？〉。

Note

葡萄酒零售店其實很像書店，只要告訴書店店員你喜歡什麼，不喜歡什麼，他們就可以依照你的需求，提供專屬於你的建議。

另一種選酒的方式

....

明顯的選擇

聰明的替代方案（有時較便宜，還常更有趣！）

義大利 Prosecco 氣泡酒

侏羅區（Jura）氣泡酒，Limoux 氣泡酒

香檳

英國氣泡酒

大品牌香檳（酒標上有著小小的 NM 字樣）

獨立酒農香檳（酒標上有著小小的 RM 字樣）

灰皮諾（Pinot Grigio）

奧地利・綠維特利納（Grüner Veltliner）

紐西蘭・白蘇維濃（Sauvignon Blanc）

智利・白蘇維濃

普里尼－蒙哈榭（Puligny-Montrachet）

夏布利一級園（Chablis Premier Cru）

馬貢白酒、普依－富塞白酒（Mâcon Blanc, Pouilly-Fuissé）

侏羅區白酒

勃艮第白酒

加利西亞 Godello 白酒（Galician Godello）

梅索（Meursault）

Fino 或 Manzanilla 類型的雪莉酒

薄酒萊（Beaujolais）

智利南部 Maule 與 Itata 的新潮紅酒

阿根廷・馬爾貝克（Malbec）

隆河丘（Côtes-du-Rhône）紅酒

利奧哈（Rioja）

西班牙的格那希（Garnacha）、加泰隆尼亞、Campo de Borja

教皇新堡（Châteauneuf-du-Pape）

隆格多克－胡西雍（Languedoc-Roussillon）的單一莊園酒

投市場所好的波爾多紅酒

斗羅河（Douro）紅酒

如何從餐廳酒單裡選酒？

在餐廳或酒吧裡，葡萄酒的選擇通常沒有零售店多，商家的利潤同時也非常高（售價通常是成本的 100% 到 300%）。所以在餐廳或酒吧裡犯錯的代價十分巨大。歷史上來說，餐廳絕大都是仰賴銷售酒精飲料作為主要獲利來源，因為消費者比較可能清楚知道牛排要多少錢，但不甚了解特定酒款的價格。

但是，隨著智慧型手機的出現，如 wine-searcher.com 網站列出了某些酒款的全球零售價格；還有一些行動應用程式如 Raisinable（掃描餐廳的酒單；目前僅有倫敦與紐約），挑出了餐廳利潤最小的酒款——這代表著，餐廳想要哄騙消費者是愈來愈困難了。

如果你希望掌控對酒的選擇，強烈建議利用手邊各種可得資訊。許多餐廳會將酒單放在網路上，所以可以事先研究那些你有興趣的酒，看看知名酒評家（啊哈！），以及一些類似 CellarTracker.com 的社群網站，看看那些葡萄酒的評價如何。

如果不能在拜訪餐廳前先作研究，你仍可以隨時利用智慧型手機，快速尋查你與你的客人有興趣的酒款。（我對餐酒搭配的建議，可查閱本書第 53 頁）

但是如果你無法決定，或者覺得資訊不夠充分，那就採取最簡單明瞭的方法：徵詢酒水服務人員或侍酒師。這與我們一般習以為常的思維相反，不過，徵詢他人意見並非顯示自己無能。事實上，我想在此強調，尋求建議才是自信與專業的象徵；反而是缺乏知識的用餐者，才通常會怯於與葡萄酒服務人員對話。

　　任何優秀的葡萄酒侍者都喜歡談酒，只有早期的一些人員，隱藏在傲慢與不屑的面具之後，知酒甚少且不在乎酒。今日的侍酒師通常會打造屬於自己的風格，也幾乎都是真正的葡萄酒愛好者，已準備好提供各種價位的酒款選擇。而在點完餐點後，一個得體的問法如「我想花 X 元」、「我們通常喜歡 Y 葡萄酒」或「我正在找一款紅酒與一款白酒，你會建議喝什麼？」當你這麼做的時候，這位葡萄酒侍者就會有個歡喜滿足的一天。

　　不要覺得點酒單上的便宜酒有何慚愧之處。只有寡頭政治領袖與石油大亨，才會喜歡灑大錢去點酒單上最昂貴的酒。

Note

在餐廳或酒吧裡，葡萄酒的選擇通常沒有零售店多，商家的利潤同時也非常高（售價通常是成本的 100% 到 300%）。

Master Tip：10 大選酒必備技巧

1. 避免選擇貯存於強光或熱源附近的葡萄酒

你不會想要一瓶放在櫥窗裡的酒，因爲光與熱會奪走酒的果香與新鮮口感。

2. 挑選裝瓶地與葡萄生長地距離較近的葡萄酒

所有酒的酒標都會標示裝瓶者的地址。如果酒的生產者與裝瓶者不同，至少會有個郵遞區號。小心那些，比方說，在英國裝瓶的紐西蘭葡萄酒。世界上有愈來愈高比例的葡萄酒，是以大宗散裝的方式四處運送。這對便宜的酒來說，也許就商業角度可以理解，但眞正嚴謹的葡萄酒生產者會堅持自己裝瓶。選酒時，法國酒可尋找酒標上有 " Mis en bouteille au domaine/château"（在酒莊裝瓶）的字樣。

3. 選擇儲存時橫置的葡萄酒

如果酒以天然的軟木塞封瓶，選擇那些儲存時橫置的葡萄酒，因爲橫置能使軟木塞潮溼，阻絕氧氣進入酒瓶內。

4. 檢查酒瓶頸部液面的高度

你不會希望直立酒瓶的酒液上方，仍有超過 2 或 3 公分的空間。因爲這代表有許多有害的氧氣接觸到酒液了。

5. 檢查年份與產區

對於高級酒，想要記得哪個產區、哪年是好年份，可能非常困難。

我在此提供一個祕訣：那就是「大五原則」。自從 1985 年以來，凡遇能整除 5 的年份，也就是年尾為 5 或 0 的年份，都是非常好的年份。

6. 注意酒的文案

如果背標上對酒的香氣有著過於具體的描述，以及建議的食物搭配，它可能是過度的行銷話術。就我個人而言，我希望看到的是如何釀製的細節。

7. 攜帶智慧型手機

帶著你的智慧型手機，以利尋找酒評家與其它葡萄酒愛好者給的評分與意見。

8. 詢問葡萄酒賣家意見

徵詢獨立的葡萄酒零售人員意見，如果他給的建議很糟，試另一家，直到你高興為止。

9. 便宜的白酒、粉紅酒，挑最新年份的

對於便宜的白酒，以及（特別是）粉紅酒，選擇店家所能提供的最新年份。

10. 詢問特價的原因

如果有一瓶酒正在特價，詢問其原因為何。有時特價是因為酒的狀況不好，或者酒已經太老了。

Chapter

3

認識酒瓶與酒標

酒瓶透露的訊息

　　傳統的波爾多酒瓶通常用來裝卡本內蘇維濃，或者，由梅洛釀出的紅酒（不論葡萄是長在哪裡）。這種酒瓶也用來裝波爾多白酒。

　　傳統的勃艮第酒瓶與隆河瓶形狀相似，特別常用來裝黑皮諾、希哈及格那希釀成的紅酒，亦可用於夏多內，同時也廣泛用於其它類型的葡萄酒。

　　為了能承受瓶內壓力，氣泡酒的酒瓶瓶壁須由較厚的玻璃製成。它通常有點像較大的勃艮第瓶，但是許多最昂貴的香檳也有自己特殊形狀的酒瓶。

　　　　傳統波爾多瓶　　　傳統勃艮第瓶

酒瓶大小知多少？

標準的葡萄酒酒瓶可裝 75 厘升（cl）的酒，這也是為什麼單杯酒常常能以平均分配的原則出現。半瓶裝的酒則是 37.5 厘升，但這種酒不太容易找到，因為：

1. 生產者希望儘可能賣更多酒

2. 就比例而言，擔心太多的氧氣會影響酒的陳年

3. 半瓶裝的酒，其裝填、封瓶、酒標之費用幾乎與單瓶裝相同

在業界普行的理論認為，如果想讓酒持續穩定地陳年，兩瓶裝（150厘升）是最理想的容量，因為其中酒液容量與氧氣的相對比例最佳。（另有一種同理由但結論相反的說法，那就是兩瓶裝的酒如果遇上了軟木塞變質，會是一場大災難）。如果一款優質葡萄酒用了比此更大容量的酒瓶，那就更像是在炫耀了。

酒瓶透露的訊息

　　我堅信比起其它產品的標籤，葡萄酒的酒標更能直接引領我們至特定的生產者。如同退休的廣告業者約翰‧鄧克利 (John Dunkley) 所言，當他設立托斯卡尼酒莊 Riecine 時，葡萄酒生產是一種從土壤、標籤到銷售，一個人可以負責所有一切的活動。

　　歐洲酒的酒標，例如 Fourrier's Gevrey-Chambertin（見下頁），通常會側重於地理名稱，而非葡萄品種。這樣的酒標依賴背標（雖不是太常見），或是以預設知識（危險）來告知消費者，他們實際會在瓶中發現什麼。

　　Domaine Drouhin 酒瓶前面的酒標，告訴了消費者葡萄是種在哪裡、葡萄又是什麼品種，但是所有的細節與必須告知的事項，則是註記在背標──在歐洲之外很常見。

　　請參考本書第 113 至 127 頁〈喝葡萄酒前，先懂葡萄名〉，以及第 129 至 177 頁〈你必須知道的葡萄酒產區〉。

❶ 生產者　❷ 地理產區名稱　❸ 葡萄品種

❶ 代表老酒的「老」，此字在法規中並無使用規範　❷ 葡萄園
❸ 葡萄生長的葡萄園名稱　❹ 地理產區名稱　❺ 生產者
❻ 大部分的酒須標明此酒是由誰、在哪裝瓶　❼ 酒精強度

我的酒含多少酒精？

　　所有葡萄酒的酒標，都須標明酒精含量的體積百分比（雖然美國酒標通常盡可能地使用最小字體，來註記這項有用的資訊）。我非常鼓勵大家注意這項訊息，因為這可能對你第二天早晨的感覺有明顯的影響。

　　一瓶酒精濃度 15% 的酒，酒精要比 13% 的酒要多 1/7 以上。然而，值得一提的是，標示的酒精濃度通常與實際濃度有著 0.5% 的誤差。以前高酒精含量的葡萄酒盛行時，生產者經常誇大酒精含量，但現在業者標出的酒精濃度則很可能要比實際低。

　　如同我在本書第 13 至 14 頁簡述的〈葡萄酒是如何釀造的？〉，氣候愈熱的區域，釀出的葡萄酒愈濃（酒精愈多）。雖然有時候釀酒師會在酒中留一些未發酵的糖，不會將糖完全發酵成酒精，所以較甜的葡萄酒酒精濃度也許只介於 7% 至 9%，特別是德國相對涼爽的產區尤其如此。

　　不過，大多數市面上所出售的靜態酒，酒精濃度約在 13% 至 14.5% 之間。一些溫暖的葡萄酒產區，像是南隆河的教皇新堡，葡萄酒的酒精濃度可輕易地達到 15.5%，甚至 16%，當地的葡萄品種（格那希）則需要達到可觀的熟度，才能全力發揮實力。

　　在世界上大部分的地區，現在流行趨勢是試圖降低酒精濃度，同時

希望不要因此減弱酒的味道與特色。所以，我們看到愈來愈多的葡萄酒酒精濃度介於 11% 至 13% 之間。因為高酸度是品質優良氣泡酒的主要特色，因此，釀香檳或氣泡酒的葡萄採收時間，多半早於那些作為靜態酒的葡萄，釀出的酒精濃度約在 12% 左右。新鮮的蜜思嘉（Moscato）微氣泡酒，幾乎是介於果汁與葡萄酒之間的飲料，酒精濃度約在 5% 至 7%。

　　一般來說，產區離赤道愈遠，酒精濃度愈低。但是在歐洲的涼爽地帶，生產者在葡萄汁發酵時加入糖，則創造出額外 1% 至 2% 的酒精，此即所謂的「添糖」（chaptalization）。這是拿破崙時代的一位大臣讓－安托萬·沙普塔 Jean-Antoine Chaptal 在 19 世紀初所想出的方法，此法在當時可有效地解決甜菜糖過剩的問題。

　　就此意義來說，添糖的另一端即是加酸。加酸，是溫暖氣候葡萄酒產區廣為使用的一種技術（較涼爽區域經過特別炎熱的夏季後，現在也逐漸使用此種作法）。在此所額外添加的酸，通常是葡萄中所含的天然酒石酸（可以想成塔塔粉），加在正在發酵的葡萄汁裡。不過，在同一發酵槽內既添糖又加酸，在世界各地仍不允許。

Master Tip：平均酒精濃度表

5-7%

蜜思嘉（Moscato）、Asti

7-9%

帶些許甜度的摩塞爾酒 (Mosel wine)

9-12%

較不甜的德國酒、刻意提早收成的酒

12-13%

香檳以及其它氣泡酒，靜態酒的比例也逐漸提升

13-15%

絕大部分現售的靜態酒

15-20%

加烈酒，如雪莉酒、波特酒，
以及馬德拉酒、較強的蜜思嘉酒等等。
見〈其它種類的葡萄酒〉第（89 至 93 頁）

Chapter

4

簡單的品酒學

品酒的四個步驟

專業人士就是這樣品酒的！令人驚訝地非常簡單，日常生活都可進行，而且不會過於忸怩作態喔！

Step 1 看酒

↓

Step 2 聞酒

↓

Step 3 喝酒

↓

Step 4 品嚐結尾

Step 1 看酒

　　將酒杯斜舉，遠離自己，背景最好是白色或灰白色，觀察酒杯中心與邊緣的酒色。成熟的葡萄酒中，通常此兩者的顏色會有明顯差別。酒杯中心的酒色愈深，所使用的葡萄品種皮愈厚（這是厚皮葡萄品種的徵兆，或是葡萄經歷炎熱乾燥的夏天）。

　　酒緣呈暗淡的橘色，象徵成熟的紅酒；年齡尚淺的紅酒，酒緣通常則有帶藍的紫色，表示此酒非常年輕。紅酒與白酒皆會因時間略帶茶色：白酒顏色會更深，紅酒則會變的比較淺。酒在橡木桶裡熟成，或是與橡木片、橡木條接觸，都能讓白酒的顏色更深。

　　葡萄酒顏色會因品種而異，更多訊息請見本書第十一章〈喝葡萄酒前，先懂葡萄名〉。

建議練習

這場練習恐怕不便宜，不過，嘗試找兩個不同年份的同款紅酒（差距最好在 2 年以上），看看其中比較老的那款，顏色是不是會比較淺。波爾多酒應該是最好的選擇。

Step 2　聞酒

就所有品酒過程的單一環節而言，這是其中最重要的一個面向。

所有味道以香氣的方式感知出來，因為我們最敏感的品味官能就在鼻腔上方。即使如大家所說，你不曾有意識地去聞酒，但仍能感受到一些味道，因為一些充滿水氣的氣味同時也從口腔後方進入鼻腔上方。味道愈複雜，葡萄酒則愈佳。

嘗試將文字與味道結合，可以幫助你記住它們。在〈79 個必學的品酒詞彙〉（第 42 頁），我總結了一些常與特定品種聯結的形容詞，但是可用哪些味道來形容酒，基本上是沒有規則限制的。

事實上，因為葡萄酒新手接觸酒時並無先入為主的觀念，所以比起老手，反而更擅長使用合宜、有幫助的形容詞來描述各種味道。不過想以詞彙表達差別如此細微的事物，此點又因個人主觀感知與偏好而有所不同，確實是非常困難的一件事。

建議練習

品嚐葡萄酒時，找一個潛水用的鼻夾或曬衣夾，夾在鼻子上，你就會知道如果不能自由地聞香，品酒有多麼困難。你甚至可以請朋友矇上你的雙眼，鼻上仍夾著夾子，看你是否能分辨削下的蘋果與紅蘿蔔，甚至洋蔥——我想不可能啦！這也就是為什麼當你的鼻子阻塞時，食物嚐起來什麼都不是。

Step 3 喝酒

你口中的味蕾將帶給你葡萄酒的四個基本面向：

1. 酸度

檸檬或醋的酸度特別尖銳，或稱高酸度；酸度確實會讓你舌頭兩側有著刺激感，但我相信反應程度因人而異。

酸度的品酒用語（低 → 高）

無力、均衡良好、新鮮、爽脆、緊繃、尖銳、尖酸、腐酸、醋酸味的

2. 甜度

葡萄酒中的含糖量差異極大，可由無法察覺的每公升 1 公克糖，至略為不甜的每公升 10 公克糖，甚至可達每公升 100 克糖的非常甜程度。

甜度的品酒用語（低 → 高）

極不甜、不甜、半甜、豐富、中甜、甜、如蜜的、會讓牙齒腐壞的、膩甜、極度過甜

3. 單寧

單寧是一種天然防腐劑，多半出白葡萄皮，可自年輕紅酒（同時亦可從冰紅茶）中發現，它會讓你的兩頰內側變得緊澀。

單寧的品酒用語（低 → 高）

柔軟、圓潤、堅實、緊澀、單寧感、強壯、堅硬

4. 酒精

酒精會在口腔後方留下灼熱而刺激的感覺。

酒精感的品酒用語（低→高）

輕、均衡良好、中等酒體、全酒體、巨大、灼熱

一款好而成熟的葡萄酒，上列各項元素應處於均衡狀態。意即沒有任何一項特徵是過於突出的。

建議練習

品嚐檸檬汁與冰紅茶（不加牛奶），依次了解何謂酸度與單寧，仔細注意它們是如何在口腔內起作用的。

Step 4 品嚐結尾

所謂的「結尾」或「長度」，是葡萄酒品質的指標。一支好的葡萄酒，味道在酒入喉後會愉悅地綿延。

相對較為工業化的生產者（致力表現出驚人的氣味者），這些氣味經常不免有些簡單。這種酒的味道消失迅速，就是在鼓勵你趕快再喝一口，看看是不是沒酒了。

如果口中滿是好酒，它則會相當、相當地綿長。這像不像是一個多花錢的好藉口啊？

品酒練習

比較前面 Step 1 建議使用的成熟波爾多紅酒，以及一款你能找到最便宜的波爾多紅酒，前者在你吞下（或吐出）後，後味延續的時間將會比較長。

79 個必學的品酒詞彙

以下詞彙，是專業人士經常用來描述葡萄酒的面向與結構的整理。描述特定味道的用詞沒有絕對規則。我們幾乎可以肯定的是，我們以不同方式感知事物，這與每個人偏好不同是兩回事。許多味道的詞彙使用習慣，與特定品種或酒款相連 —— 像是「胡椒的」之於希哈，「青草般的」之於一些白蘇維濃，以及「辛香的」之於格烏茲塔明那。但這些可能是專業的速記法。我們真正要說的是：

「這酒聞起來像希哈 / 白蘇維濃 / 格烏茲塔明那（Gewürztraminer）」

我在〈葡萄名：通往葡萄酒知識的捷徑〉（見本書第 113 至 128 頁），提供了基本葡萄品種中，一些最常見的味道描述詞彙。但如前所述，相較於那些疲乏的老練專家，他們早在多年前就已用盡其葡萄酒詞彙，也可能在運用時相當草率。新手反而擅長將味道形容詞與酒的香氣做聯結。

你應該要有寬廣的空間去做自由聯想，記下哪一款酒讓你憶起哪一種味道，並盡可能地精準辨認與其它香氣間的相似程度，嘗試建構有用的描述語彙。使用這種方法將比重覆第三者所使用的形容詞，更為有效。

1. **醋酸味 (acetic)**

   很酸，酸味主宰了整款酒，代表此酒已有變成醋的危險

2. **餘韻 (aftertaste)**

   當你吞下酒後（或者在專業品飲中，將酒吐出後）所能感受的；與結尾 (finish) 相比的話，結尾是餘韻持續時間的長短

3. **香氣 (aroma)**

   香氣就是你聞到的；味道與香氣實際而言是無法區分的，因為你僅能經由鼻子感知水氣呈現的味道

4. **芳香的 (aromatic)**

   特別的香氣——如果香的話

5. **收斂、緊澀 (astringent)**

   帶些許單寧，讓口腔內部有皺縮感，但不是那麼的刺激。尤其用來形容白酒

6. **烘烤 (baked)**

   聞起來彷彿葡萄掛在藤上曝曬

7. **平衡 (balance)**

   或許是葡萄酒最重要的一個面向。一款酒如果很平衡或平衡地很恰當，意即酒中所有面向——酸度、甜度、單寧，以及酒精，都處於和諧的狀態

8. **酒體 (body)**

   約略等於酒精強度；有力的酒屬於全酒體，相對較弱的為輕酒體，或稱「輕」

9. **貴腐黴菌 (botrytis)**

   「貴腐黴」（noble rot）的技術名詞。這種黴菌可使成熟葡萄的味道更為集中，並以此黴菌來生產最棒的甜酒。酒聞起來介於蜂蜜與甘藍菜之間

10. **酒香 (bouquet)**

    有時指成熟酒中所發展出的複雜香氣

11. 酒香酵母 (brett)

酒香酵母（Bettanomyces）的縮寫，這是一種影響紅酒的酵母，聞起來香氣接近馬，或汗水浸滲的馬鞍，或像是強烈的丁香

12. 寬廣 (broad)

似乎很合口

13. 嚼勁 (chewy)

比澀要多一點單寧感

14. 無缺點的 (clean)

沒有任何可覺察的缺失

15. 封閉 (closed)

沒有特別令人難受的氣味，但是口感有足夠的集中度與單寧，令人感覺它將會發展出更多的香氣

16. 複雜 (complex)

代表著許多不同、整合良好的味道，通常歷經瓶中熟成後，才能釋放出複雜的香氣

17. 軟木塞變質 (corked/corky)

聞起來倒胃口，像是發霉的氣味。通常是軟木塞遭到 TCA（三氯苯甲醚）污染，詳見本書 63 頁。

18. 爽脆 (crisp)

吸引人，但不過量的酸度

19. 乾枯 (dried out)

葡萄酒年輕時，果香即已損失殆盡，令人倒胃口

20. 萃取 (extract)

葡萄酒的濃度；高萃取的酒非常不像水，它有著高度濃縮的固態物質，像是糖、酸、礦物質以及蛋白質。萃取在概念上不同於酒體，許多摩塞爾的麗絲玲酒精雖低，但萃取程度高

21. 結尾、收尾 (finish)

餘韻持續的時間；如果一款酒口感持續，稱為結尾長，簡稱為「長」。但它如果沒有或幾乎沒有餘韻，則稱（結尾）「短」

22. 堅實 (firm)

有可察覺，但不令人生厭的單寧

23. 無力 (flabby)

酸度低至令人不悅

24. 無精打采 (flat)

沒有香氣，也不新鮮

25. 味道 (flavour)

見前面「香氣」

26. 提早 (forward)

酒的成熟與發展速度，出乎預期

27. 新鮮 (fresh)

非常像爽脆（見「爽脆」），但是酸度略低一些，可判定是年輕的果實

28. 果香 (fruity)

一般指充滿各式各樣的水果香氣，但不一定是葡萄的

29. 全酒體 (full-bodied)

見「酒體」

30. 葡萄的 (grapey)

極少數葡萄酒聞來確實像葡萄汁，其中大部分是由蜜思嘉葡萄釀成的

31. 青草般的 (grassy)

聞起來像新鮮青草，通常是白蘇維濃

32. 綠 (green)

聞起來仍未成熟

33. 堅硬 (hard)

果香不足

34. 草本威 (herbaceous)

聞來有綠葉味道，通常出現在未完全成熟的卡本內蘇維濃、白蘇維濃或是榭密雍 (Sémillon) 中

35. 中空、空洞 (hollow)

口感中段沒有足夠果香。（中段亦即品酒過程的中間階段，見「口感」

36. 灼熱 (hot)

餘韻溫暖甚至有燒灼感，通常因為酒精過量

37 墨水般的 (inky)

個人用的描述語。指酒的果香不多，但單寧與酸度卻較多

38. 酒腳 (legs)

代表酒淚的另一個字（來一段長腿的笑話吧！）

39. 長度 (length)

見「結尾」、「收尾」

40. 鮮明、提振精神的 (lifted)

（酸度）揮發多，但並沒有過量

41. 輕 (light)

並不一定是負評；見「酒體」

42. 長 (long)

見「結尾」、「收尾」

43. 馬德拉酒似的 (maderized)

可用來形容氧化的老酒

44. 成熟 (mature)

酒在瓶中因陳年而變為複雜，但尚未開始乾枯

45. 硫醇 (mercaptan)

像壞雞蛋般的腐臭。通風、通氣可以明顯改善此氣味

46. 中段口感 (mid palate)

見「口感」

47. 礦物感 (mineral)

此形容詞被大量使用與討論。一個統稱各種非水果、青蔬，或動物味的用詞。此味更像是石頭、金屬、或化學變化所帶來香氣

48. 老鼠味 (mousey)

代表酒可能有問題

49. 口感 (mouthfeel)

原為美式用語。用來形容酒的質地，但現在常指酒的力量與缺乏刺激性的單寧

50. 貴腐黴 (noble rot)

見「貴腐黴菌」

51. 嗅、聞 (nose)

品酒各種官能中最重要的一項，但品酒者也將此等同於酒聞起來的香氣

52. 橡木味過重 (oaky)

葡萄酒在熟成時與橡木接觸（不論是木桶、木片或是木條），通稱為橡木味。如果酒嚐來均是橡木味，稱為橡木味過重

53. 老 (old)

帶貶意的形容詞，指酒已過了成熟階段

54. 氧化 (oxidized)

葡萄酒與過多氧氣或空氣接觸，因此失去了果香與新鮮口感，已逐漸開始變成醋。這也是為什麼處理剩酒時，要將酒瓶內酒液上方的空間減至最小

55. 口感 (palate)

這是葡萄酒［英文］字彙中最易被拼錯的字之一。此詞意義廣泛，可指個人的品嚐官能（像「她有絕佳的口感」），但同時也可指酒入口後，口中發生的一切（相對於聞或嗅）。酒入口後，初始時會對前段口感產生影響，然後是中段，最後則是尾段，你也可用口感形容對整款酒的印象

56. 胡椒味 (peppery)

黑胡椒通常與未過熟的希哈葡萄結合；白胡椒偶爾會與綠維特利納相聯；青胡椒則是未熟的卡本內蘇維濃

57. 微氣泡酒 (petillant)

輕的氣泡酒

58. 生動活潑 (racy)

我常用的一個字。指酒似乎有著不錯的酸度以及真正的能量，衝擊著口感

59. 殘糖量 (residual sugar)

技術用語，指酒中殘留未發酵的糖，通常以每公升多少公克表示。人無法察覺每公升低於 2 公克的糖，但如果每公升高於 10 公克，則會非常明顯。酒的酸度愈高，殘糖量愈不明顯

60. 豐富、豐郁 (rich)

酒似乎強勁、討人喜歡，但沒有特意追求甜度。此為讚美用語

61. 圓潤 (round)

沒有明顯的單寧，但也不是柔軟到危險的地步

62. 短 (short)

見「結尾」、「收尾」

63. 辛香 (spicy)

此字經常被誤用來描述格烏茲塔明那葡萄，那特別、如荔枝般的氣味。完全只是因為德文「Gewürz」（格烏茲）意即「富香料氣息的」。許多酒確實聞來有多種不同香料味，但這是一個包山包海的形容詞，與「礦物感」一樣不甚精準

64. 微氣泡酒 (spritzig)

只有一點點氣泡的酒；有些釀酒師在釀酒過程中，會刻意在酒裡留下一些發酵過程中釋放出的二氧化碳。白酒中如果有一些小泡泡，不一定是失誤；但是在全酒體的紅酒中，則有可能是出現再發酵的情況，就不一定是好事了

65. 鋼鐵般的 (steely)

通常表示白酒有著可察知、但不礙人的單寧及酸度

66. 硫（sulphur）

千年來釀酒（以及製作果汁與乾果）最常用的抗氧化劑。釀酒過程中會自然產生微量的硫，對大多數人無害，不過哮喘患者會對硫出現反應。這也是為什麼酒標上有警語「含硫化物」。過多的硫，可能導致喉嚨後方搔癢。葡萄酒生產者目前持續減少硫的用量，但比起一般酒款，許多甜酒仍得用上更多的硫化物，以防止殘糖發酵

67. 柔順的（supple）

正面的品酒詞彙，用來形容酒的酸度與單寧，合宜且和諧

68. 甜（sweet）

一看就懂的字（見第 39 頁）

69. 單寧感（tannic）

此為負面用語。指酒中的單寧有點多。（在品酒詞彙的位置中，這關係到該酒的保存時間。見本書第 36 至 41 頁〈品酒的 4 個步驟〉）。

70. 尖銳的酸度（tart）

有一點太酸

71. 酒淚（tears）

有時你會在酒杯內緣看到液體緩緩向下流動，特別是高酒精的酒。此現象的形成與大眾認知相反，它其實與黏稠度或甘油無關。酒淚會出現，僅僅是因為酒基本上是一種液體，且是由許多不同成分組成的，也各有不同的表面張力。酒淚（或酒腳）的出現，並無任何特別意義

72. 薄（thin）

缺乏果香與重量

73. 香草味（vanilla）

通常與美國橡木的氣味相聯結

74. 植物的（vegetal）

所有酒中與植物相關的香氣。但是此一特定用語通常與「綠」可交互使用

75. 醋 (vinegar)

醋是你最不希望在杯中發現的。葡萄酒接觸空氣後，加上足夠的溫度後會開始揮發，然後氧化，最後就是徹底變成醋

76. 黏稠 (viscous)

富黏性，常見於強而甜的酒

77. 揮發 (volatile)

所有的酒都會揮發，藉由這個方法能釋放出水氣。但作為一個品酒詞彙，這是負面用語，指酒有著過量的醋酸——醋的主要成分

78. 重量 (weight)

就像人一樣，衡量酒體的大小尺度

79. 木味 (woody)

聞起來像品質不良或貯存不佳的木頭味，通常是橡木

何謂品酒界中，
傳說的「超級品味者」？

　　每個人的舌頭上都有著密度不同的味蕾。1990 年代，耶魯大學的琳達・巴托申克（Linda Bartoshuk）教授設計了一種叫做 PROP（6-n- 丙硫氧嘧啶，一種治療甲狀腺亢進的藥物）的測驗，用來測量化學物質到底嚐起來是非常苦、中等程度的苦，或是完全沒有感覺。

　　這項測驗的結果，根據擁有的味蕾數目，將人們分成「超級品味者」、「普通品味者」、「非品味者」。大概有四分之一的人是落在光譜兩端，另外二分之一則是普通品味者。上述名詞後來經過修正以減少價值判斷：「超級品味者」變成了「超品味者」，「非品味者」則變成「低品味者」。

・超品味者有著特別高的味蕾密度，同時也對強烈的味道與質地更為敏感。

・低品味者的味蕾密度較低，需要額外刺激才能感受。

・高加索的女性成為超品味者的可能，似乎超過同種男性兩倍。

Chapter

5

餐酒搭配學

酒與食物如何完美搭配？

　　為了尋找完美的餐酒搭配，我們已作了太多的文章了。選酒本身就已經很複雜了，還得擔心酒是否與我們的餐點相配。不管怎麼說，外出用餐或有時在家吃，餐桌上永遠有著各式各樣的菜色。不過就搭配上來說，酒在口中的重量以及酒對口感的影響，比酒的顏色更重要。

享用精緻料理時

　　如果你正在享受一些相當精緻的食材，例如布瑞達（burrata）乳酪、新鮮的馬自拉（mozzarella）乳酪、山羊乳酪、煎蛋，水煮白肉魚或雞肉，搭配上相當細緻、輕盈的酒款是比較合理的選擇： 像是 Vermentino、夏布利、白蘇維濃，或是粉紅酒，清淡的紅酒像黑皮諾、仙梭（Cinsault）、薄酒萊也可以。

享用肉類時

　　另一方面，如果你正享用五花肉、漢堡、韃靼牛排，或者鹿肉，你或許希望找款有點肉味的酒——全酒體、確實能衝擊你的口感的酒，像是豐富的格那希（Grenache/Garnacha）、希哈，或是慕維得爾（Mourvèdre/Mataro）都不錯。

餐酒搭配重點：以酒搭配

當你有款特定的葡萄酒想找食物搭配，這裡有幾個小訣竅可參考：

1.　如果你想喝的是年輕、高單寧的紅酒

　　由於單寧仍有嚼勁，你可享用一些實際上需要咀嚼的食物，像是燒烤紅肉或牛排，這會讓酒喝來沒那麼不舒服。

　　→　可享用香氣，全酒體的白酒，像是麗絲玲或者格烏茲塔明那，即使有著相當果香，搭配辛香食物均令人愉快，尤其是一些泰式料理。

2.　如果你希望喝酒時能吃點甜的東西

　　請務必要讓你選的酒比食物還要甜。不然的話，酒嚐起來會又酸又薄，非常糟糕。像是甜到會蛀牙的 Pedro Ximenez (PX)、豐富的索甸、澳洲拉瑟格倫（Rutherglen）產區的蜜思嘉，或是成熟的紅寶石波特酒，上述酒款都可以是你的選擇。

　　→　請小心朝鮮薊！它會耍把戲，玩弄你的口感，讓酒喝起來有種金屬味。儘量避免用它與昂貴的葡萄酒相搭。

餐酒搭配重點：以食物搭配

　　儘管我對完美的餐酒搭配存疑，但我了解大家都希望能找到捷徑。這裡提供一些組合建議。值得注意的是，一般而言，白酒比紅酒更容易搭配食物。

前菜

··

蘆筍

蘆筍是個麻煩的食材,可試試不甜的德國與阿爾薩斯白酒

檸檬醃生魚 (ceviche)

味道強烈的白蘇維濃

豬肉 (熟) 食品

薄酒萊優質村莊、古典奇揚替、品質高的 Valpolicella、不甜的

Lambrusco ——或是任何帶點咀嚼感的紅酒

雞肝凍糕 (chicken liver parfait)

帶點甜味的白酒,像是阿爾薩斯白酒、灰皮諾、恭得里奧(Condrieu)、

梧雷(Vouvray)

法式清湯 (consommé)

傳統用來搭配的是不甜的雪莉酒或馬德拉酒(madeira),極棒的享受!

螃蟹

全酒體的勃艮第、波爾多或隆河白酒

朝鮮薊

朝鮮薊甚至比蘆筍還麻煩,因為它讓酒有一種金屬味,

所以沒什麼特別可搭配的

生蠔

香檳、夏布利、蜜思卡得（Muscadet）

沙拉

各種不同品種的白酒都可以搭配。帶有高酸度者較佳

甲殼類（參見螃蟹）

隆河與南法的白酒、豐厚的夏多內

煙燻鮭魚

麗絲玲、格烏茲塔明那、灰皮諾

湯

湯實在不需要任何飲品相伴，但可以試試與湯料成為流質前能搭配的酒款

壽司與生魚片

清酒（日本米酒）非常棒，香檳也不錯

法式凍派（terrines）

較輕的紅酒，像是多果香的卡本內弗朗（Cabernet Franc）、梅洛、希濃
（Chinon）以及布戈億（Bourgeuil）、黑皮諾

主菜

香蒜蛋黃醬（aïoli）
與不甜的普羅旺斯粉紅酒搭配，非常適合

烤肉
帶煙燻味的紅酒，像是全酒體的巴羅沙谷希哈，
還有南非的皮諾塔吉（Pinotage）

漢堡
可搭一款簡單、富果香的紅酒，年輕的梅洛

雞肉
雞肉是可廣泛搭配的食材。不過，也只有極豐富的雞肉料理才能耐得住全
酒體紅酒。輕淡的紅酒或全酒體的白酒，通常可以搭配得更好

燉煮類或砂鍋
南隆河的紅酒、成熟的里奧哈紅酒

蛋類料理（義大利烘蛋、煎蛋、法式鹹派）
鬆軟的蛋黃可如包膜般阻絕口腔與葡萄酒的接觸，隱藏葡萄酒的細節。
但是這些料理過的蛋，應能與柔軟、輕盈的紅酒，如年輕的梅洛與黑皮諾
搭配得宜

粉紅肉的魚（如鮭魚或鮪魚）
新世界的黑皮諾，可說是絕佳搭配

白肉魚

僅以燒烤或水煮處理的白肉魚，是少數料理中，味道純淨、簡單，不會蓋過清淡的德國麗絲玲的魚。但是醬汁豐富的魚料理，適合搭配酒體更重的白酒，像是羅亞爾河的白梢楠（Chenin Blanc）

野味

勃艮第紅酒以及品質頂尖的阿爾薩斯白酒，搭配野味可説是典型組合

義大利麵

義大利開胃的紅酒，像是奇揚替、Valpolicella，還有許多以義大利品種釀成的酒

披薩

任何顏色的酒都是蕃茄的好朋友，但是建議不要配太複雜的酒

燉飯

燉飯中除了米還用了哪些材料？這些材料決定了應搭配什麼酒。全酒體的白酒應該可以搭配得宜

排餐（帶骨或不帶骨）

這些肉的嚼勁，能有效減輕一些陳年紅酒在年輕時期的單寧。像是年輕的波爾多、有野心的年輕義大利紅酒，以及伊比利半島的紅酒，如斗羅河與斗羅河岸（Ribera del Duero）

松露

以多切托（Dolcetto）、巴貝拉（Barbera）或內比歐露（Nebbiolo）釀成的皮蒙酒款

小牛肉

認真製作的托斯卡尼紅酒

乳酪

....

藍黴乳酪

甜、全酒體的白酒，例如索甸，

這是最典型、成功率最高的選擇

硬質乳酪（例如：切達乳酪）

這種乳酪是以下酒款理想的搭配：極佳且成熟的波爾多紅酒，

或其它品質頂尖的卡本內蘇維濃。硬質乳酪同時也可搭配成熟的「年份波特」

洗浸乳酪（例如：布里乳酪）

可搭配氣味強烈、果香型白酒。

例如朱朗松（Jurançon）、梧雷、蜂蜜感的白梢楠

甜食

···

巧克力

巧克力幾乎可以摧毀所有的葡萄酒。比較適合非常甜又強壯的酒款，像是波特
酒、Pedro Ximenez (PX)、以馬爾瓦西（Malvasia）品種釀的馬德拉酒，
還有甜的雪莉酒

水果為主的甜點

以白梢楠為主，釀成的甜型羅亞爾河白酒，像是來自梧雷產區的就不錯。可搭配
大部分的法國酒，酒標上有 moelleux 字樣（意思是「如髓般的」，意即甜度中
等）的酒，以及許多新鮮的義大利甜白酒，像 Recioto di Soave 與 Picolit 亦可

冰淇淋

它的冰涼效果會麻醉口感，所以不必太認真。
蜜思嘉就合得來

法式甜點

任何比它更甜的白酒
（如果沒它甜，就會出現令人不悅的尖酸感）

餐廳點酒禮儀

餐廳服務現今仍保有的儀節之一，就是將所點的酒款倒出一點來給宴會主人試酒。我想絕大多數試酒的人（以及實際倒酒的人），並不清楚這個儀式的重點是什麼。

它的目的，其實是讓點這瓶酒的人試試酒的溫度是否適宜，並檢查酒是否有嚴重瑕疵。我經常發現，餐廳的紅酒上桌時溫度太高（所以我會要只冰桶），白酒又太冰（所以我得讓酒離開冰桶）。

至於有哪些瑕疵嚴重到需要把酒退掉？基本原則，就是聞起來有霉味而難以享用的酒。通常這都是因為軟木塞受污染引起的。專業說法是由 TCA 這種化學物質導致（TCA, trichloroanisole 三氯苯甲醚的縮寫），一般用（軟木塞變質 corked/corky）來稱呼這種軟木塞受污染的酒。

不過這裡有個問題，TCA 污染的狀況差別極大，原本就已經很複雜的問題因此更是雪上加霜，再加上人們對 TCA 的敏感度極為不同，結果會造成侍者與顧客間的激烈爭辯。不過你可以提出，餐廳可將酒退給供應商獲得退款（除非你點的酒是非常老的酒）。

TCA 還有一個常見的副作用，那就是讓酒在品嚐時缺乏果香。不過不管怎麼說，你不能因爲你不喜歡一瓶酒的味道，而拒買一瓶已開的酒。

　　有些侍者經常會做出讓人討厭的事，就是不停地倒酒將酒杯補滿。而且還將酒補滿至酒杯上方，以至於沒有任何空間讓最重要的香氣得以聚集。如果這樣的事發生，你在此可幫酒友一個忙，有禮，但堅定地表達你對這種服務的感覺。

Chapter

6

簡易選酒術

如何根據不同場合與時機，
選擇最適合的酒？

　　我之所以喜歡葡萄酒，因爲它包羅萬象。這不僅是說它的顏色、力量、甜度，還有氣泡，也不僅是它是由不同品種的葡萄釀成的，而這些葡萄又生長在不同地方，有著各種精采且相異的味道。我熱愛葡萄酒，是因爲有的葡萄酒可以在日常生活喝，有的可以在時髦場合喝，還有的是釀來慶祝生命中某個特別時刻。

　　我認識只喝波爾多一級酒莊與勃艮第特級園的人，但我並不想成爲他們其中之一，我心繫於那些來自樸實農家的葡萄酒。

烤肉時喝的酒

　　因應場合與時機選酒，比起總是在荷包極限中追逐豪華酒款來得聰明。舉例來說，像是烤肉時準備太特殊的酒款其實是種浪費。強健帶辛香的紅酒，像是門多薩（Mendoza）的馬爾貝克（Malbec）、南隆河、西班牙的格那希，或者澳洲的希哈，就可以順利達成任務了。

搭配簡單餐點的酒

　　如果是簡單的晚餐，我會選一款樸實、簡單，由技藝精湛的匠師打造的薄酒萊、蜜思卡得，或者年輕的奇揚替。但如果是要款待認眞的愛酒人士，我也有本事保證讓他們大飽酒福。

令人印象深刻的酒款

　　以下這些酒都不是走極端風格的，同時也經過時間證明，它們確實有能力取悅眾多酒友的口感。

友善的白酒

馬貢白酒（Mâcon Blanc）

白皮諾（Pinot Blanc），在德國叫 Weissburgunder

夏布利（Chablis）

西班牙西北的 Albariño，在葡萄牙北部稱 Alvarinho

上阿第杰與弗里尤利的白酒（Alto Adige and Friuli）

Vermentino

接近拿坡里的 Falanghina

義大利亞德里亞海岸的 Verdicchio

紐西蘭的白蘇維濃與夏多內

友善的粉紅酒

不甜的普羅旺斯粉紅酒

友善的紅酒

紐西蘭的黑皮諾

澳洲摩寧頓半島的黑皮諾

隆河丘 (Côtes du Rhône)

西班牙的格那希

斗羅河紅酒

古典奇揚替

來自薩丁尼亞 Carignano del Sulcis 法定產區的酒款

品質頂尖、名稱吸引人的薄酒萊優質村莊酒，

例如 Fleurie、St-Amour、Moulin-à-Vent

讓人印象深刻的酒款

（以下這些酒名，對圈內人而言是有相當意義的）

Bollinger, Cristal, Dom Pérignon, Krug（香檳）

Chassagne-Montrachet, Meursault, Puligny-Montrachet（勃艮第白酒）

Trimbach Riesling Clos St Hune（阿爾薩斯的不甜白酒）

Equipo Navazos （雪莉酒）

Niepoort（波特酒）

Barbeito（馬得拉酒）

Châteaux Grand Puy Lacoste, Léoville Barton, Pichon Lalande, Pichon Baron, Vieux Château Certan（波爾多紅酒）

Domaines Dujac, JF Mugnier, Roumier, Rousseau（勃艮第紅酒）

Château Rayas, Clos des Papes, Château Beaucastel（教皇新堡）

Massolino Vigna Rionda Riserva（巴羅鏤）

Vallana（Boca）

Castell'in Villa, Poggio delle Rose Riserva（古典奇揚替）

Gianni Brunelli, Le Chiuse di Sotto（Brunello）

Passopisciaro Contrada（西西里）

Allende, CVNE, López de Heredia（利奧哈）

Arnot Roberts, Au Bon Climat, Corison, DuMol, Frog's Leap, Littorai, Rhys, Ridge, Spottswoode（加州）

Brick House, Cristom, Eyrie（奧勒岡州）

Leonetti, Quilceda Creek, Andrew Will, Woodward Canyon（華盛頓州）

Cullen, Curly Flat, Grosset, Henschke, Moss Wood, S. C. Pannell, Penfolds Grange, Tolpuddle, Vasse Felix（澳洲）

Ata Rangi, Kumeu River（紐西蘭）

如何挑選送禮用的酒？

不要直衝那種店裡最貴的酒，除非你知道收禮者家中有酒櫃。那種酒通常都是年齡尚淺的佳釀，需要很多時間陳年。

Tip 1：即使是葡萄酒專業人士，也樂於接受高品質的香檳——像是豪華的品牌，如 Krug 或 Dom Pérignon，或是來自頂尖生產者的香檳（詳見上篇＜令人印象深刻的酒款＞）。

Tip 2：任何不太能一目了然，但是有趣的酒款，像是稀有的葡萄品種，或是前景看好的新銳生產者（最好是有專業人士的建議）——都是葡萄酒愛好者最棒的禮物。

Tip 3：高品質的義大利陳年葡萄醋或是莊園裝瓶的橄欖油，也是葡萄酒專業人士間常見的禮物。

我喜愛的香檳生產者

這些是規模相對較小的生產者。他們釀酒用的葡萄都是自己種的，後面則列出了他們所在的村莊。

Raphäel et Vincent Bérèche, Ludes

Chartogne-Taillet, Merfy

Ulysse Collin, Congy

J. Dumangin, Chigny-lès-Roses

Egly-Ouriet, Ambonnay

Fleury, Courteron

Pierre Gimonnet, Cuis

Laherte Frères, Chavot-Courcourt

Larmandier-Bernier, Vertus

Marguet Père et Fils, Ambonnay

Pierre Moncuit, Le Mesnil-sur-Oger

Pierre Peters, Le Mesnil-sur-Oger

Jérôme Prévost, Gueux

Eric Rodez, Ambonnay

Suenen, Cramant

Vilmart, Rilly-la-Montagne

20 款令人心跳停止（破產）的酒

　　我注意到一件很驚訝的事—在我的網站上，我曾給 100 多款酒完美的滿分。如果要在一場令人心跳停止的夢幻饗宴中享受美酒，以下酒單則是極品中的極品，這個順序是依照我想要品嚐的先後（詳見次頁）。

Equipo Navazos, No. 15 Marcharnudo Alto, La Bota de Fino NV Sherry

Bollinger, RD 1959 champagne

Trimbach, Clos Ste Hune Riesling 1990 Alsace

Egon Müller, Scharzhofberger No. 10 Riesling Auslese 1949 Saar

Domaine de la Romanée-Conti, Grand Cru 1978 Montrachet

Domaine Leroy, Grand Cru 2012 Chambertin

Domaine Armand Rousseau, Clos St Jacques Premier Cru
1999 Gevrey-Chambertin

San Guido, Sassicaia 1985 Bolgheri

Petrus 1971 Pomerol

Chateau Cheval Blanc 1947 St-Émilion

Chateau Palmer 1961 Margaux

Chateau Latour 1961 Pauillac

Chateau Haut-Brion 1959 Graves

Chateau Mouton Rothschild 1945 Pauillac

Paul Jaboulet Aîné, La Chapelle 1961 Hermitage

Penfolds, Grange 1953 South Australia

Marqués de Riscal 1990 Rioja

Chateau d'Yquem 1990 Sauternes

Quinta do Noval, Nacional 1963 Port

Taylor's 1945 Port

從你選的酒，看你是什麼樣的人？

Prosecco：有趣、外向、不拘小節

香檳：耽於逸樂的人

Albariño, Rueda, Vermentino, Savagnin：
勇於冒險的白酒愛好者

公平貿易酒：富憐憫心

瓶子很重的酒：行銷受害者

英國／加拿大酒：愛國者

波爾多紅酒：保守、傳統派

重量級的澳洲希哈：烤肉族

自然酒、雪莉酒：很潮的人

勃艮第：被虐狂（但失敗率可能令人失望的高喔！）

謀取暴利的劣酒：混混

Chapter

7

這瓶酒，我該付多少錢？

酒的成本 vs. 售價

酒的售價與一般人所想的不同，價格與品質間並無直接關聯。許多酒的售價過高，因為市場需求過於膨脹，加上野心或貪婪，或只是行銷人員看到系列酒款中需要一款「代表作」。

現在，昂貴的酒與便宜酒之間，品質差異從未如此之小，但它們彼此之間的價差，卻從未如此之大。聰明的葡萄酒購買者可以從售價低估的酒中，選擇可靠的品項。

就價格而言，每瓶低價酒中，包裝、運送、行銷，以及許多國家的地方稅捐，占據了酒大部分成本，至於酒本身所值，只占酒價的極小部分。「野心」是許多葡萄酒售價更昂貴的原因。

最划算的酒，價格帶大約在 7 至 20 英鎊，或者 10 至 30 美金之間。在此價位中，你或多或少可以獲得你付出的。

售價低估的酒

以下列出的這些酒，是從數百個例子中挑出的，並以銷售較佳者為主。
更多資料，請上 JancisRobinson.com 網站。

波爾多所謂的小酒莊、沒有名氣的酒莊
Châteaux Belle-Vue, Reynon

隆格多克—胡西雍，特定的幾間酒莊
Domaine de Cêbène, Domaine Jones

南非白酒
A. A. Badenhorst, Chamonix
智利紅酒（白酒也逐漸增加中）
Clos des Fous, De Martino

羅亞爾河的酒一般都被低估了，尤其蜜思卡得
Bonnet-Huteau, Domaine de l'Ecu

薄酒萊
Julien Sunier, Château Thivin

隆河丘
D&D Alary, Clos du Caillou

西班牙的格那希
Capçanes, Jiménez Landi

葡萄牙酒
Quinta do Crasto, Esporão

售價高估的酒

波爾多最爲人讚嘆的紅酒、那些所謂「一級酒莊」的酒

勃艮第最有名的幾塊特級園（紅酒與白酒）

加州的「膜拜卡本內」

很多香檳

大部分被描述爲「代表作」的酒款

我願意多付點錢買的酒

1. 在可信任貯存環境中成熟多年的高級酒

（貯於相對低而穩定的溫度。酒的來源是此類酒款中最重要的環節）

2. 重要珍稀的品項

（除了波爾多一級酒莊外，因爲它們每年都生產幾十萬瓶）

3. 運作良好的慈善拍賣會出售的酒款

Master Tip: 葡萄酒的 10 大迷思

1. 愈貴的酒愈好

　　最超值的酒款，零售價約在 8 英鎊至 20 英鎊之間；低於 8 英鎊的，酒的品質可能比較不佳，因爲扣除每瓶酒的固定成本與稅捐，其實所剩不多。所以，超過 20 英鎊的酒可能會有花錢買存在感的風險，而且，會落入毫無規則的高級酒市場所預先設計好的「定位」。

2. 酒瓶愈重，酒愈好

　　因爲某些原因，葡萄酒生產者 (特別是西班牙語系國家) 喜歡使用厚玻璃瓶作爲行銷工具。但此舉很浪費地球資源，而且頂尖酒款的生產者對此也會比較敏感。

3. 舊世界的酒，總是比新世界好

　　好酒與爛酒，其實到處都有。

4. 紅酒搭紅肉，白酒搭魚

　　請詳見本書〈餐酒搭配學〉，第 53 至 62 頁。

5. 真正的好酒，酒瓶底部是有凹槽的

　　凹槽的存在，其實通常是爲了行銷啦。

6. 紅酒的酒精比白酒多

現今許多紅酒的酒精度僅有 12%，或更少。

7. 所有的酒陳年後，都會變的更好

請詳見〈酒越陳越香？〉，本書第 106 至 107 頁。

8. 餐廳請你先試一下你所點的酒，目的是要問你喜不喜歡

請詳見〈餐廳點酒禮儀〉，本書第 63 至 64 頁。

9. 粉紅酒與甜酒是給女生喝的

拜－託－喔！

10. 所有酒都會在開瓶後、倒酒前，經由醒酒而更佳

請詳見本書〈品酒的準備工作〉。

Chapter

8

品酒必備器具

品酒的器具

酒杯

酒杯不需要用太複雜的。只要杯壁內側向杯口傾斜，就可以讓你順利旋轉酒液，增加酒液的表面面積，進而釋放酒中所有的味道（並可將酒收集至酒的表面及杯緣間）。

為了提供香氣足夠的空間，杯中的酒不要倒超過 1/2，這不是吝嗇，而是實際應用得出的經驗，最好倒 1/3 即可。至於酒杯容量，整杯倒滿約 250 毫升～ 350 毫升最理想。通常一杯約可倒 120 毫升，這樣就有足夠的空間讓香氣在搖杯時足以持續。

酒杯的杯柄可以幫助搖杯——不過，搖杯不用太激烈，不然會像在搞笑。杯柄同時也可讓你拿著酒杯，不用擔心至關緊要的酒溫會受到影響（見第 98 至 99 頁）。無柄的酒杯非常適合野餐。圓底無柄的寬杯，本來應該是非正式酒吧與餐廳的區別，不過我個人還是偏愛有柄的酒杯。

跟一般酒杯廠商常見的建議不同，其實你不需要另一個不同容量、形狀的酒杯。至於白酒要用比紅酒小的酒杯，這說法其實

碟形香檳杯
（Champagne Coupe）

笛形香檳杯
（Champagne Flute）

也沒什麼邏輯。行家們也正迅速地回心轉意，思考飲用香檳、波特酒、雪莉酒時，酒杯的容量與形狀是否也應該與非加烈酒所用的酒杯完全相同。

過去，香檳曾以平坦，類似碟型的杯子盛裝。這種杯子拜復古風之賜，最近也再度流行起來了。而杯身愈高的酒杯，氣泡留存時間則愈久，因為它的杯徑較小，讓氣泡較比較難通過。

酒杯的厚度會影響品酒的經驗。杯壁愈薄、愈細緻，裝飾愈少，人與酒的感覺愈親密。因此專業人士會避免使用那些有顏色的、雕刻的，或有許多細小切面的酒杯。我喜歡的酒杯是由 Riedel 生產的基本款，它是酒杯的領導品牌，也是我日常使用的杯子。至於特別日子要使用特別的酒杯時，我會用 Zalto 製造的 Universal 款酒杯。

感謝上帝，這兩個牌子的酒杯在一般洗碗機內的表現都很好。

Riedel 的標準杯　　　Zalto 的 Universal 杯

理想的酒杯

理想的酒杯應該是無色的，而且盡可能地一目了然。即使是杯柄也應該如此。酒杯太重，或者上有雕花的裝飾，其實只會礙事而已。

酒的包裝：玻璃瓶、袋裝、罐裝或紙盒？

　　將葡萄酒封裝在玻璃瓶內，已有好幾個世紀的歷史。玻璃雖然是中性且耐用的材質，但它既重且易碎，製造、運送，甚至回收都需要用掉相當可觀的資源。至於那些裝瓶幾個月即可飲用的酒（我知道這違反了很多人的意願啦），許多人支持使用紙盒、袋裝、罐裝，甚至塑膠瓶，因為重量輕多了。不過大部分拿來如此應用的材質，都會在幾個月內與酒起反應，因此，玻璃瓶絕對是值得陳年的酒款最佳的選擇。

　　這裡有另一個令人激賞且有助於永續發展的方式──那就是利用比一般酒瓶還大的容器來運送與出售。這種作法愈來愈受大眾歡迎，像是箱中袋（bag-in-box）與小型桶（keg）。這方面相關的技術也發展迅速，還已經可以維持葡萄酒的新鮮程度達數星期之久了，不是僅僅幾天而已。很明顯地，這種包裝並不適合需要陳年的高級酒，但就今日絕大部分所喝的酒而言，此一市場考慮也是相當合理的。

酒瓶的蓋子：
軟木塞、合成瓶塞或旋轉瓶蓋？

　　酒瓶需要瓶塞。幾世紀以來，由樹皮製成的圓柱型軟木塞似乎達成了它的任務了 —— 它很中性、很耐用，或許還可讓些微空氣進入瓶內，幫助葡萄酒陳年。但從上個世紀末期開始，（主要是葡萄牙）粗心的木塞製造商開始造成木塞的品質下降。

　　葡萄酒生產者發現，受軟木塞污染影響的酒愈來愈多。那些酒聞來有種令人倒胃的霉味（見本書 63 頁）。最糟的是，只有葡萄酒生產者才能發現較輕微的軟木塞污染，才會知道他們珍貴的酒已失去果香。但對一般喝酒的人來說，問題卻不是那麼明顯，他們也不知道自己有權利可以申訴。

　　如今，愈來愈多的生產者（特別是在澳洲與紐西蘭），覺得他們所收到的軟木塞品質特別差，於是開始改採不同的封瓶方式，像是利用合成瓶塞以及旋轉瓶蓋（可設計成讓不同程度的微量空氣進入酒中）。

　　軟木塞製造商雖然也開始提升水準，但已太晚掌握市場趨勢的反轉了。如果現在想知道旋轉瓶蓋在數個世紀後對葡萄酒陳年的影響，時機仍未到；但已有一些實驗將旋轉瓶蓋封瓶的酒，陳放 10 或 20 年。他們發現，相比之下，品酒人通常喜歡以天然軟木塞封瓶的相同酒款。

Master Tip: 如何拔出軟木塞？

軟木塞支持者認為，旋轉瓶蓋少了開瓶時的浪漫，也擔憂木塞來源（森林）的生態系統。但是，有件事我總覺得很奇怪，那就是絕大部分的酒都是裝在某種容器內，而它僅能以一種特殊的工具打開 —— 那種工具完全沒有別的用途，沒錯，我指的就是螺旋式拔塞鑽（corkscrew）。

我或許有些成見吧！因為經常需要一次開個幾十瓶酒，所以旋轉瓶蓋對我來說，根本就是個恩賜。我喜歡槓桿式拔塞器（Screwpull）以及類似的器具，因為它可以用兩段簡單的槓桿動作拔出瓶塞 —— 不過，通常售價都要超過 60 英鎊。

螺旋式拔塞鑽最重要的特性，就是它的螺旋是中空的（這樣它才不會直接在軟木塞裡鑽出一個洞，讓整個拔塞動作失去牽引力），而且它的尖端相當銳利（請見次頁插圖）。

Screwpull corkscrew
槓桿式拔塞器

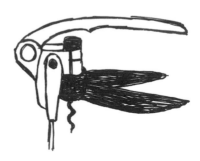

double-lever corkscrew
雙柄拔塞鑽

the ideal helix
理想的螺旋鑽

foil-cutter
鉛封切除器

如何開氣泡酒？

香檳瓶內的壓力可如輪胎，所以開瓶關鍵在於如何控制軟木塞。小心去除瓶塞上的金屬線圈與封蓋後，用姆指按住瓶頸上的軟木塞，緩慢地旋轉瓶身，使瓶塞離開酒瓶，然後持續地按住木塞直到與瓶身輕柔分離。

愈冰、愈少晃動的酒，愈不可能出現失控且具危險性的暴衝軟木塞。對了，在此不建議像賽車選手在頒獎台那樣地開氣泡酒。

Chapter

9

其他類型的葡萄酒

其他類型的葡萄酒

氣泡酒

當葡萄發酵成酒時，會釋放出二氧化碳（詳見本書第 13 頁）。在所有發泡飲料中，都可發現這種無害的二氧化碳，包括氣泡酒。

氣泡可經由碳酸化作用進入酒：只要簡單將二氧化碳打進去即可（可樂生產商也這麼做）。至於另一種較複雜、維持較久的方式，即是酒槽法（夏馬法，méthode Charmat）。這個方法是將糖與酵母加入酒槽中，讓酒第二次發酵，之後釋出的二氧化碳會被困在酒中，酒後在此壓力下裝瓶。義大利東北的 Prosecco（一種價格不太貴的氣泡酒），也是以此法製成的。

西班牙的卡瓦（Cava）以及法國東北香檳區的酒，應用了較耗工的傳統技術釀造。在傳統技法中，第二次發酵不在酒槽內，而是在每支酒瓶內。所以在這長達數個月，甚至數年間的過程中，酒接觸了死酵母的細胞，增添了複雜性，而最後出現的沉澱物會聚集於倒轉的酒瓶頸部，冷凍之後再藉酒瓶內的壓力向外溢出，隨後再將酒瓶轉正，補滿酒液，加上軟木塞、封蓋，最後以金屬線圈固定。

香檳以及其它許多仿效的酒款，都是以夏多內與果皮色深、榨取十分輕柔的皮諾葡萄釀成的。

加烈酒

葡萄酒中，有另一類酒稱為「加烈酒」(fortified wine)。它的酒精濃度比一般葡萄酒高，因為其中添加了酒精（中性葡萄製成的白蘭地）。

波特酒來自葡萄牙北方的斗羅河谷，由當地葡萄品種釀成，它的酒精（濃度在 18-20%）大部分來自外加的烈酒。葡萄正在發酵時，所有的糖還沒變成酒精，即已加入烈酒。大部分波特酒年輕時都是深紫色的，因為斗羅河的夏天相當酷熱。

另一種最有名的加烈酒是雪莉酒。雪莉酒由種植在西班牙南方赫雷斯(Jerez) 附近平原的灰白色 Palomino 葡萄釀成。雪莉酒的分類是依據烈酒加入的時間點、加入的方式，以及酒在極重要的裝桶過程中所經歷的時間區分。

裝桶創造了各種不同雪莉酒的特色。在各種雪莉酒中，我認為 Pale Fino，甚至酒精感沒那麼強的 Manzanilla，飲用的範圍最廣（完全與老派雪莉酒那種黏糊感不同）。它們的酒精僅有 15%，可如其它不甜的白酒般飲用。

馬得拉酒，其名來自大西洋上同名島嶼，豐富且氣味強烈，最與眾不同的是，它在開瓶後仍能持續永久。

甜酒

　　甜酒可以由多種方式製成，甜份的來源可能是葡萄汁內所有的糖，在轉化為酒精前就終止發酵（見本書第 13 頁），或是加入甜的葡萄濃縮液（如果便宜的話）；也可將葡萄風乾、曬乾，讓糖分集中；或是把葡萄留在樹上結冰，摘下受凍的葡萄（冰酒）；亦可將感染貴腐黴菌的葡萄加以發酵（貴腐黴是一種奇特的菌種，感染的葡葡其糖分會集中）。

　　現在可能不流行甜酒，但是酒中有一點糖分本來就不是什麼壞事，而且世界上最好的葡萄酒中有些就是甜酒。

甜酒的關鍵

甜酒最主要的關鍵在於均衡。如果酒中有足夠的酸度對甜度作反向平衡，這酒就不會過於飽膩而令人生厭。

未加工的酒

另一種特殊的葡萄酒類型，是由酒是如何製成而定義的。那些獲得有機認證的葡萄酒，葡萄樹的農藥用量很低；至於自然（生物）動力法所培育的葡萄樹，則是採用聽起來很奇怪的自然堆肥，作為順勢療法的處方，以及根據月相盈虧製作的各種配方。這聽起來很瘋狂吧？但是卻成就了許多令人激賞的葡萄酒，以及樣貌明顯健康許多的葡萄園——或許因為每株葡萄樹都被照顧到了。

現在流行一種稱為「自然酒」的風潮。這兩種類型的生產者在此有著獨特的情誼：一方面是以不甚明確的有機方式種植葡萄，但釀酒時願意遵守低涉入的處理原則；另一方面，則是完全不添加硫（有時會如此，但很罕見）。硫是一種廣為使用的抗氧化劑，也是自羅馬時代即採用的防腐劑。目前自然酒並沒有任何規範，品質也因此極度不一。

其實，二次世界大戰過後的數十年間，葡萄樹與葡萄酒確實過度使用了化學藥品，但如今大部分生產者都已明顯減少使用化學品。我個人很希望看見酒標上強制標示成分，就像食品一樣。

總括而言，我對那些以有機、自然動力或自然作為行銷基礎的酒，仍是心存疑惑的，雖然確實都有極佳的例子出現。我並不認為有機酒喝起來必定會與一般酒差異懸殊，不過有時我可從採自然動力法的葡萄酒中，喝到一些附加的活力與能量。有時候，自然酒會有太明顯的再發酵、蘋果酒似的香氣，或甚至是微微的倉鼠籠子味道，但自然酒總是會愈來愈好。

Master Tip: 關於葡萄酒的 10 件事

1. **認識附近的獨立酒商。**

2. **你僅需要一只單一形狀與容量的酒杯。**

   不論你喝的酒是什麼顏色,不管是喝香檳還是酒精更強的加烈酒,都可以只用一個多功能的酒杯享受。

3. **享受葡萄酒,沒有對錯。**

   我可以盡可能地跟你解釋如何了解一杯酒,但你可以自己決定你喜不喜歡這杯酒。不用管你所謂的「葡萄酒專家」朋友怎麼說。

4. **不要將酒斟超過半滿。**

   這樣你才能搖杯,真正享受葡萄酒至關緊要的香氣。

5. **酒是裝在密封的木箱裡,不是無蓋的木箱裡。**

   開酒要用的是拔塞鑽,不是開瓶器。

6. 旋轉瓶蓋是趨勢。

現在有些好酒由旋轉瓶蓋封裝，因爲生產者（與消費者）受夠了那些因軟木塞處理不慎所造成的污染。

7. 波爾多有頂尖的甜白酒。

不要忘了有些極好的甜酒，像是波爾多頂尖的甜白酒（索甸、巴薩克）。跟其他的紅酒相比，還更爲划算。

8. 雪莉酒與波特酒很超值。

除了那些知名的酒款外，許多不甚流行的雪莉酒與波特酒，都很物超所值。

9. 溫度就是一切。

太冷，嚐不到什麼酒；太熱，酒嚐來如同泥濘。

10. 餐酒搭配時，重量比顏色重要。

Chapter
10

品酒的準備工作

品酒的關鍵

一杯酒最重要的，當然是酒的本身。如我在本書（第 82 至 83 頁）提到的，酒杯扮演了部分角色，但酒在飲用時的溫度其實更重要。你可以調整溫度，讓一款酒喝起來更好或更糟。

葡萄酒愈熱（接近約攝氏 20 度或華氏 68 度時），就會釋放愈多的分子，酒的香氣也會愈多。同樣的，酒的溫度愈低，香氣也愈不明顯。當我還是學生時，市面上大半數的酒都充滿了化學物質，把很差的白酒粗魯地冰到什麼味道都聞不出來，似乎有點道理。不過，如果將白酒冰的太過頭，你可能無法享受葡萄酒最大的特點：香氣。

有些葡萄品種，如白蘇維濃或是麗絲玲，比其他品種更香。至於夏多內、白皮諾、灰皮諾，本身味道則不是特別明顯。所以如果把白蘇維濃，或是麗絲玲冰得比夏多內、白皮諾、灰皮諾還冰，是可以接受的。

溫度之所以重要，另一個因素在於酒體。酒體愈強的酒，香氣分子愈需要奮力掙脫才能離開酒液表面，所以許多全酒體的夏多內以及隆河型白酒，比起輕酒體的麗絲玲、蜜思卡得，或任何酒精度低於 13% 的酒，適合品嚐的溫度都要稍微溫暖一點。

酒體對於紅酒而言也適用，輕酒體的紅酒，像薄酒萊、Lambrusco，以及世界各地的低酒精紅酒，飲用時最好能將溫度降至約攝氏 12 度。

許多全酒體的紅酒嚐起來怪怪的，那是因爲在飲用的時候溫度太低。年輕紅酒中含有有嚼勁的單寧（將隨時間軟化），在低溫時就會特別明顯。如果你想喝單寧相對較高的年輕紅酒，上桌時可稍微調高酒的溫度，它就會變的比較好喝，因爲單寧不會那麼明顯。但是酒溫超過攝氏 20 度後，珍貴的香氣會開始揮發，酒會變得汁濃味苦，所有葡萄酒複雜的味道也會因受熱而消失。

實際上來說，以夏多內釀成的勃艮第白酒通常是全酒體，它適飲的溫度約在攝氏 15 度，其實已經很接近勃艮第紅酒了。勃艮第紅酒是由黑皮諾釀成的，酒體通常相對輕盈許多。

如何降溫與暖酒？

降低酒溫最簡單的方法，就是將酒放入冰箱數小時。請注意，不要將酒放在冰箱超過好幾天，因為若長期將酒放在冰箱內，可能會奪走酒的部分生命與味道。

另一方面，如果我想要迅速地讓酒降溫，我會毫不猶豫地將它放入冰箱，最多一個小時。但是請特別小心，不要把酒放在低於零度的環境中超過一小時。

如果酒的酒精強度是 2X，那它在攝氏負 X 度時體積會開始膨脹，膨脹後所形成的冰塊會將瓶塞推出瓶口。

另一種方式是使用已預先放在冰箱內的冷凍袋來降低溫度，或者，用一個老派但好用的冰桶，這樣做通常會比較快。

許多人（即使是專業人士）經常會把冰桶裝滿了冰塊。不過，更有效的方式是將冰塊與水混合，如此一來，酒瓶表面的每一處就都可以接觸到冷媒了。

如果酒已經倒出來了，但是那酒實在普普通通，你又想將它快速降溫？大家都知道，我會將冰塊加入酒中，只要那些冰塊是乾淨、無味的。

　　如果你想提高酒的溫度，把酒留在室溫中一個小時左右即可，但若你希望迅速讓酒升溫，那不妨將酒擁入懷中，試著以體溫來暖酒，或是將酒倒入已預先用熱水沖過的乾淨水罐或醒酒瓶中，再把它晃個數圈。還有一個更有效的方法，就是將酒倒入酒杯中，用你的手來溫暖杯中的酒。

　　有一種真空瓶是設計用來作為保溫之用的。當你在炎熱的季節或炎熱的房間中，將已開的酒倒入真空瓶，可以幫助酒達到正確的溫度。

何時可以開瓶？

對許多人來說，開一瓶酒就像一場宗教聖典。它牽涉了許多神秘的規則，像是各種不同的酒在飲用前，到底需要多少時間醒酒？如同許多科學家一般，我懷疑就瓶頸的那一點點的酒液表面，與空氣接觸後，到底能對整瓶酒有著多少影響？

但影響卻是千真萬確的！酒與空氣接觸後確實會對酒產生重大影響。太多流通的空氣會毀了一瓶年老、脆弱的酒；另一方面，年輕的酒若適當地與空氣接觸，某種程度上可以仿效酒的陳年。

例如，非常具有單寧感、苦澀年輕的紅酒，以及更為緊實、內斂、封閉的年輕白酒（尤其勃艮第白酒），都會因為與空氣接觸一或二小時，而變得比較容易入口。甚至像是一些年輕紅酒，接觸空氣的時間還可更長一些，如巴羅鏤，還有一些投市場所好，其中單寧與香氣扮演重要角色的波爾多紅酒。醒酒是此類紅酒接觸空氣最有效的方式。

為什麼要醒酒？

「醒酒」這個字，聽起來彷彿自視甚高、令人生厭，但它其實就是將酒自瓶中倒入一個乾淨的容器。而這容器最好是由不易與其它物質起作用的玻璃製成。

用一個玻璃罐來醒酒也行，但是，醒酒器通常是設計來容納一瓶 75 厘升的酒，酒倒入後，讓酒液的表面有夠大的面積與空氣接觸。你甚至可以找到為兩瓶裝的酒（每瓶 150 厘升）所特別設計的醒酒器。

依我的經驗，雜貨店通常有一堆不算太貴的醒酒器。如果猛烈地將酒倒入醒酒器，也可以增加酒與空氣的接觸（就像搖轉任何倒入酒杯中的酒一樣）。

另一個要醒酒的原因，是因為醒酒可以將酒與瓶內可能出現的沉澱物分離。這些沉澱物不僅看來有損食慾，嚐起來還有苦味。一款便宜的酒如果在裝瓶前先去雜質（舉例來說，經由過濾的方式），瓶中幾乎不可能有任何沉澱物。但是一些沒有那麼工業化的酒，因為多種不同物質的相互作用，就會產生沉澱，特別是單寧與色素。這些沉澱物有時會附著在瓶壁，酒瓶直立後則多半沉在瓶底。

將酒與沉澱物分離的最有效方式，就是將酒瓶直立一小時左右，然後在明亮的光線下（特別準備的蠟燭或強烈的光源），將酒倒出。

　　如果你一次要飲用多款酒，爲了避免混淆，可以進行所謂的「雙重醒酒」。將酒自酒瓶倒入容器後，小心地沖洗酒瓶，再將已無沉澱物的酒倒回乾淨的酒瓶。而在這整個過程，盡可能地讓酒接觸空氣。

如何處理喝不完的酒？

　　葡萄酒長時間暴露於空氣中──超過一星期或更久，那即使是年輕的酒也會失去果香，因此喝剩的酒儘量不要與空氣接觸。可以將中性氣體打入酒液與酒塞之間，或是將比較堅硬的酒換至較小的瓶中，避免與空氣接觸。至於那些應該可以將已開酒瓶內的空氣抽出來，造成瓶內真空的小工具，我用起來效果不是很好。

　　因為熱氣會加速反應，所以你可以將已開的酒放入冰箱貯存，減緩它的劣化。只要記得要喝之前，先把紅酒先拿出冰箱一陣子。

　　對於那些無法一次喝完整瓶 750 毫升的酒友，現在有一種小工具，蠻符合葡萄酒怪胎們的需要。它是由葛雷格‧藍伯契特（Greg Lambrecht）發明的 Coravin 取酒器。這位愛酒的美國醫學工程師由於太太滴酒不沾，一瓶酒的份量又嫌太多，所以他設計了 Coravin，大約 270 英鎊一臺。

　　你可以藉著一根非常細的管子，隨意抽出你想要喝的份量，即使一點點也行。由於管子非常細，所以軟木塞會重新封閉，至於瓶中抽出酒後所留下的空間，則會由中性氣體取代，並將其中的氧氣驅逐掉──瓶內如果出現了許多氧氣，會毀掉整支酒。

Coravin 取酒器

酒越陳越香？

　　大家經常說酒愈陳愈好，但這種說法大概僅適用於今日不到 10% 的葡萄酒。大部分的酒，特別是粉紅酒與絕大多數白酒，甚至包括入門品牌與混調型紅酒，還有那些以超低價在超市販售的酒，都是釀來在裝瓶後一年內喝掉的。

　　只有那些最宏大、昂貴的酒（尤其是那些來自法國與義大利的酒款），是特別設計成上市後還須陳放幾年，甚至好幾十年才適於飲用的。不過即使如此，那些酒款也會過了顛峰期，尤其是有人還將他們的好酒擺上一段時間，等待特別的時機，或是特別的人，再將這些老酒打開。

　　這世界上大多數有意思的酒，在本書中提到的酒，皆可能因為多增加一點陳放時間而增添樂趣與複雜度（詳見第 108 頁〈什麼酒需要陳年？〉）。

　　簡單來說，那些在瓶中還能發展的葡萄酒，會因為裝瓶過程中受到震動，需要一或三個月的時間，酒才會再度開展。

　　年輕的白酒在前幾個月會顯得有點尖酸；年輕的紅酒在早年時，有時會太澀且富單寧感。

通常在同一類酒中，愈貴者愈值得陳年（這也是爲什麼在店裡挑選了最愛的酒款，立刻喝掉它其實並不合理）。一個明顯的例外則是恭得里奧（Condrieu）──典型的全酒體白酒。它是由生長在北隆河的維歐尼耶葡萄釀成的，從來就不便宜，但很少值得陳放數年以上。

另一方面，依我的經驗，除了專家外的所有消費者都有同樣問題，那就是如果有人認爲某支酒值得陳年，大家就很不願意開它，以至於那瓶酒會一直躺在那裡，而且通常還是躺在一個不適合貯酒的環境裡（見第 111 頁），然後酒就過了最好的享用時間點。也因爲如此，許多買便宜酒的人不曉得哪些酒最好是在年輕時就喝掉。不過我懷疑許多酒其實是被太晚喝掉，而非太早。

什麼酒需要陳年？

　　我在這裡對各種不同的葡萄酒應在什麼時間內喝最好，提供了以下建議——不過，最好的幾款酒通常都能陳放更久一點。

靜態酒（白酒）

- 不怎麼樣的酒：1 年以內，但最好不要超過幾個月
- 灰皮諾：可至 2 年
- 維歐尼耶、恭得里奧：可至 2 年
- 白蘇維濃、松塞爾、普依－芙美（Pouilly-Fumé）：1 ～ 2 年
- 青酒（Vinho Verde）、Albariño、其它產於加利西亞的白酒：1 ～ 2 年
- 蜜思嘉：1 ～ 3 年
- 隆河型白酒：2 ～ 5 年
- 格烏茲塔明那：2 ～ 6 年
- 白梢楠：2 ～ 10 年
- 夏多內、勃艮第白酒：2 ～ 10 年
- 夏布利：2 ～ 12 年
- 榭密雍：3 ～ 10 年
- 麗絲玲：3 ～ 15 年
- 貴腐甜酒：5 ～ 20 年

粉紅酒

- 幾乎所有的粉紅酒都最好在 1 ～ 2 年內喝掉，其中許多則是愈早喝掉愈好。

紅酒

- 不怎麼樣的酒：1 年內
- 薄酒萊與其它加美葡萄釀的酒：1 至 5 年
- 金芬黛／ Primitivo：2 至 12 年
- 黑皮諾、勃艮第紅酒：2 至 15 年
- 山吉優維榭、奇揚替與古典奇揚替、Brunello di Montalcino：3 ～ 12 年
- 斗羅河以及其它葡萄牙紅酒：4 ～ 12 年
- 格那希／ Garnacha、南隆河紅酒：4 ～ 15 年
- 卡本內弗朗、布戈億、希濃：4 ～ 16 年
- 不差的梅洛、波爾多右岸：4 ～ 18 年
- 田帕尼優、利奧哈、斗羅河岸：4 ～ 20 年
- 希哈、北隆河紅酒：5 ～ 25 年
- 不差的卡本內蘇維濃、波爾多左岸：5 ～ 25 年
- 內比歐露、巴羅鏤、巴巴瑞斯柯：10 ～ 30 年

氣泡酒

- Prosecco、Asti、蜜思嘉、氣泡酒:愈年輕愈好
- Cava:1～2 年
- 法國氣泡酒(crémants):1～2 年
- 無年份香檳:1～5 年
- 年份香檳:2～10 年

高酒精的酒、加烈酒

這類的酒大部分在上市時已可飲用,不過有以下例外:

- 單一園年份波特酒:2～20 年
- 年份波特酒:15～40 年

葡萄酒四大貯存重點

將酒貯存在老舊餐櫃裡並非好事，還特別是件壞事。因爲不論廚房是如何設計的，大部分廚房的溫度經常在變動，而酒是脆弱有生命的東西，需要一個良好的貯存環境。

以下各項依其重要性排列，排序愈前面愈重要：

重點 1. 溫度

溫度必須低。理想溫度爲攝氏 13 度，但攝氏 10 度至 20 度的地方皆可。貯存溫度愈高，酒愈易陳年。溫度同時應盡可能穩定，因爲酒不喜歡溫度劇烈的變化。

重點 2. 光源

光對酒不好，特別是氣泡酒。

重點 3. 氣味

應避免強烈的氣味。氣味可能會污染酒。

重點 4. 溼度

理想的相對溼度約在 75%。如果空氣太乾燥，酒塞會開始乾縮，空氣就會進入酒瓶。如果空氣太潮溼，酒是不太會有什麼問題，但酒標會長黴。

綜合以上所有條件，要找到一個適合貯酒的空間確實不易，最好是有一座適合的酒窖，如果將酒置於一個很少使用的臥室廚櫃，也算是個合理的替代方案。如果將酒貯存在院子內的小屋，酒則會有受凍的風險。一家名為 Spiral Cellars 的公司，用形狀特別設計的可通氣預鑄材料，打造出一種內有螺旋階梯的地底酒窖，其酒窖牆上的小隔間即可用來貯酒。

我家花園地下也有一座酒窖，不過樹根穿透用來包圍酒窖的重要橡膠布，酒窖因而變得很潮溼。

許多人發現一種最安全，但並非最便宜或最方便的方法──那就是將酒貯存於專業的商業空間。它會根據你存的箱數或部分箱數，以年度方式收費，而你每次將酒搬入或移出時也會產生費用。這種專業服務的好處是可以準確記錄你遙遠酒窖內的藏酒。

Chapter
11

喝葡萄酒前，先懂葡萄名

必記的葡萄品種

上個世紀的後半期，葡萄酒界掀起了一場革命。許多酒莊開始不以酒生產的村莊或區域作爲酒的標示（例如：夏布利），而是以酒中主要使用的葡萄品種來標記該款酒（因此夏多內可能會出現在酒標上，而不是夏布利）。

對於一些葡萄酒生產者來說，他們生產酒的產地沒有數個世紀建立起來的名聲，因此，標記品種可以讓他們與消費者溝通，讓消費者知道他們的酒大概嚐起來是什麼樣。如此一來，歐洲以外的葡萄酒生產者，也就是所謂的「新世界」，日子終於可以好過一些。（對我來說，「新世界」一詞總覺得有點希望別人領情似的）。

同時，這種作法，對於喝葡萄酒的人來說，生活終於可以簡單、再簡單了。比起記住葡萄酒地圖，消費者只要將少數葡萄名字記起來即可。

以下列出最重要的幾個葡萄品種。在 1990 年代中期，全世界的葡萄園似乎就是被這幾個品種掌控，但酒界新潮流似乎也走向較少見的地區性品種——有時稱爲「傳承品種」。2012 年，我與荷塞·烏拉莫斯（José Vouillamoz），以及茱莉亞．哈定（Julia Harding）一起出版了一本指南，內容收了所有我們能找到作爲商業釀酒用的葡萄。此書名爲《釀酒葡萄：1368 個釀酒葡萄品種的完全指南，包含起源與味道》（暫譯，"Wine Grapes：A Complete Guide to 1,368 Vine Varieties Including Their Origins and Flavours"）

常見的白酒葡萄

1. 夏多內（Chardonnay）

夏多內是世界上最廣為種植的白酒葡萄品種，幾乎有產酒的地方都有種植，但它的故鄉是法國勃艮第（法國境內的白酒，幾乎都是由此葡萄釀成）。夏多內得天獨厚、極易栽植與釀製，同時也多才多藝，可被釀成各種型態的酒款。

夏多內是香檳區一種淺色的葡萄，同時也可用來製作世界上最貴的不甜白酒，如 Le Montrachet。此種葡萄可用來釀製各種價位、香氣與口感明顯的全酒體白酒。有人批評一些不貴的夏多內味道過於濃烈，因為此品種與橡木桶有極大的親和性，所以有些酒中可能會出現輕微的燻烤，甚至極微的甜感。

品酒試驗

比較南半球的夏多內（可能在小橡木桶內陳年，或加了一些橡木片，讓酒有著橡木味道的）與勃艮第北邊的夏布利基本款（通常沒有用橡木桶）。留意橡木帶來的輕微甜味與烤吐司香氣。看夏多內有多麼「全酒體」（與水有多大不同），以及夏布利多了多少酸度（雖然在較熱的產區，但非常成熟的葡萄仍欠缺自然的酸度，釀酒師經常須特別加酸）。

---

2. 白蘇維濃（Sauvignon Blanc）

此一品種是羅亞爾河白酒的原始材料，像是松塞爾與普依－芙美，同時也是紐西蘭葡萄酒工業的基礎。白蘇維濃愈來愈受歡迎了，甚至開始威脅夏多內的主宰地位。夏多內的氣味或許寬廣且略混濁，白蘇維濃卻是尖銳、尖酸，充滿風味，感官就有如像是被一柄劍直接刺入。

典型的紐西蘭蘇維濃，聞起來有點類似綠色植物的尖銳感，如綠葉、蕁麻、青草，當它陳年後，則會出現罐頭蘆筍的味道。另一方面，羅亞爾河上游的白蘇維濃，會讓人想起一些較具礦物味的東西，沒有那麼多的綠色植物感，而是帶有核果類、潮溼的粉筆、燃過的火柴等有明顯氣味的東西。非常概括地說，跟其他國家相比，其實大部分的法國白蘇維濃比較不甜。紐西蘭的則是比不甜要稍稍甜一點。

白蘇維濃那種穿刺性的香氣是它的強項，但是如果葡萄過熟，這種特徵香氣即會失去。因此，好的白蘇維濃來自沒那麼溫暖的區域。

品酒試驗

選一款來自紐西蘭馬爾堡（Marlborough）的白蘇維濃，愈年輕的愈好；另外挑一款松塞爾或都漢區（Touraine）的白酒（它們必須是由蘇維濃釀成的）。

比較兩者在味道以及甜度上的差別。紐西蘭的因為有酸度，所以會清楚地更甜一點。兩種酒的酸度應該都算高，因為它們的產區都離赤道很遠，也就是夏天都不會太熱。

---

3. 麗絲玲（Riesling）

麗絲玲唸起來如" Reeceling"。它深獲許多專家的愛戴，但是是款許多消費者不怎麼喜歡的有趣品種。我們喜歡麗絲玲勝於白蘇維濃，因為由它釀成的酒在瓶中待上數年，有時甚至數十年後仍可持續發展，而且還會愈來愈好──陳年能力是高品質葡萄酒的象徵。

我們喜愛麗絲玲是因為它富有許多味道，但又不必因此而特別有過多的酒精。此外，不同於白蘇維濃及大部分的夏多內，它釀成的酒會因其種植區域而有很大的差異。麗絲玲聞起來通常有著某種花朵香氣，也永遠有展現此一高貴品種的特徵。當麗絲玲被種在德國摩塞爾河谷的灰或藍色板岩時，會帶來一種刺激神經的能量；種在下游幾哩處的紅色板岩時，則會有較豐富的香味。不像夏多內或灰皮諾，麗絲玲的問題是它帶有很多味道 ── 所以有些品酒人覺得它味道太多，這並不意外。

另一個問題是，有明顯比例的麗絲玲帶有甜感，而在今日的品酒文化中，甜感並不是什麼優點。麗絲玲的種植範圍並沒有像夏多內或蘇維濃般廣泛，但它也不是只能種在德國，其它三地像是阿爾薩斯、奧地利，以及澳洲（尤其是克雷兒谷與艾登谷）也有。

品酒試驗

取一款來自摩塞爾河、酒精度約在 8-10% 的麗絲玲，再找一款來自澳洲的，酒精度接近 13% 的酒款。

比較兩者，澳洲的版本當然會極為不甜，但是看看你是否能喝出德國麗絲玲酒體的甜度與輕盈程度。酒精度愈低，酒內未發酵，來自葡萄的自然糖分愈多。

---

4. 灰皮諾 (Pinot Gris / Grigio)

灰皮諾（德文 Grauburgunder）通常是白色的。這種「灰」（法文 "gris"，義大利文 "grigio"）皮諾是黑皮諾葡萄的變種。它有粉紅色皮，卻沒有足夠顏色可釀成紅酒，但如果釀酒師將果汁與葡萄皮接觸一段時間後，可以得到蒼白的粉紅色葡萄酒。

最佳的灰皮諾通常來自阿爾薩斯，以及義大利東北方的弗里尤利（Friuli）。它有誘人而強烈的香氣與重量──黑皮諾的特質。至於大部分的基本品項，似乎沒有什麼味道，或許可能是因為這品種神奇地流行起來，以致產量大增，甚至其中又加入便宜、無味的葡萄混調，像是崔比亞諾（Trebbiano），比例可高達 15%（完全合法）。

還有另一種變種是葡萄皮介於蒼白與綠色之間（白色，非灰色），稱為白皮諾（Pinot Blanc/Bianco）（德國稱為 Weissburgunder）。此品種釀出的酒猶如豐滿、略為簡單的夏多內，或像沒有香氣的灰皮諾。許多最好的白皮諾來自於德語系國家。

品酒試驗

比較阿爾薩斯的灰皮諾與便宜的超市酒款，看看是否能找出它們的共同特徵。阿爾薩斯的灰皮諾可能有較多的味道與酒體。

常見的紅酒葡萄

1. 卡本內蘇維濃（Cabernet Sauvignon）

卡本內蘇維濃被視為是陳年型紅酒的黃金指標。它是最知名的波爾多紅酒核心，如 Château Lafite 與 Château Latour 都在梅多克（也就是所謂的吉倫特河口左岸）。

此品種實際上有著厚皮、帶藍色的小粒果實，所以釀出的酒在年輕時充滿單寧與色澤，需要長時間才能成熟，種在涼爽地區將徒勞無功。

即使在波爾多部分地區，種植一些早熟且適合與它混配的品種也較適合，像同為親屬的梅洛（見下文）與卡本內弗朗。

- 卡本內弗朗通常比它稍輕一些，且多了一點樹葉感

- **波爾多的卡本內蘇維濃可能會有點堅硬、纖細，通常與較早熟、較柔軟圓潤的梅洛種在一起**

當卡本內蘇維濃開花不順利或是無法完全成熟時，梅洛就是一個比較保險的品種。但在其它熱門產區如納帕谷，當地氣候暖和，能讓卡本內蘇維濃有著如天鵝絨般的柔軟，所以加入其它品種調配，就變成一種額外選擇而已。

因為此品種與一些世界最經典的葡萄酒息息相關，只要有哪裡可以使其成熟，哪裡就會種植。

卡本內蘇維濃有清楚的黑醋栗與西洋杉氣味，走到哪都可輕易辨認，即使是在一些義大利酒中，它僅扮演著次要（有時甚至非法）的角色。

品酒試驗

取一款來自梅多克或格拉夫（Graves）的紅酒，酒標上要有著酒堡（chateau）名稱——不超過 20 英鎊／30 美元即可。

另尋一款智利的卡本內蘇維濃，價格與年齡須相近。比較兩者，注意智利酒嚐起來的熟度與甜度多出多少（歸功於當地的大太陽）。

上述兩種酒皆可能在橡木桶內熟成，但現今的釀酒師都會刻意避免過多的橡木味。

---

2. 梅洛（Merlot）

梅洛、卡本內蘇維濃以及卡本內弗朗，同屬法國西南部葡萄大家族的成員，但梅洛與後兩者不同，它釀出的酒較柔軟，且果香較多。梅洛的果實早熟，所以可種在較涼爽的區域，如它的老家，就位在吉倫特河右岸的聖愛美濃（St-Émilion）與玻美侯（Pomerol）。因為梅洛比卡本內蘇維濃來得容易成熟，所以種植區域更為廣泛——特別是在波爾多外圍的延伸區域。

此品種釀成的酒有著自然的甜感與梅李味，比卡本內主導的酒要來的柔軟且更早成熟。梅洛的重大任務之一，就是在卡本內混調酒的架構中，添上一些柔軟與圓潤，但是由梅洛釀成的品種酒，世界各地皆可見到。

品酒試驗

選一款來自梅多克或格拉夫的「小酒莊」酒（見第 77 頁；前述卡本內蘇維濃品酒試驗的酒），主要品種最好是卡本內蘇維濃。再選一款價位相同、產區名稱僅標註波爾多的酒（最好主要由梅洛釀成）。比較兩者，注意後者其較輕、較軟、較圓潤的程度。

3. 黑皮諾（Pinot Noir）

勃艮第的紅葡萄可說是當今葡萄酒世界的寵兒。卡本內蘇維濃向來可靠，黑皮諾則是多變且令人著迷。

當它好的時候，實在美味，不過它比卡本內更脆弱、更輕。這種品種的皮薄，所以葡萄易腐壞與染病，釀出的酒色澤較淡，通常單寧與嚼勁也較少。

黑皮諾通常富有果香，有時還帶點甜味，品嚐來有各種不同的覆盆子、櫻桃、紫羅蘭、蕈類，以及秋天森林底層的氣息，就是因爲它相當難搞，所以吸引全球生產者與消費者的注意。

黑皮諾早熟，所以生長季節需要相當涼爽的氣候，才有夠長的時間讓它發展出迷人味道。

勃艮第是此種葡萄的誕生地，但它同時也是香檳、阿爾薩斯、德國、紐西蘭，與奧勒岡最重要的紅葡萄。

現在加州最冷的地方、智利以及澳洲也有栽種，而從加拿大到南非，充滿企圖心的皮諾愛好者也都有所進展。

品酒試驗

勃艮第紅酒的產量就是那麼少，所以從不便宜。將它與非法國生產的黑皮諾相比，結果應該類似前述的白蘇維濃品酒試驗。或許從更富有教育性的長遠觀點來看，應該比較的是加美（Gamay）與黑皮諾。

選一款比較能買得起、買得到的勃艮第紅酒，那種酒標上有著"Bourgogne"（法文的勃艮第）字樣的酒款，再挑一款由加美葡萄釀成、品質良好的薄酒萊（見第 135 頁的薄酒萊優質村莊名單，那些通常是該區域最好的酒款）。

兩者相比，留意一下，比起黑皮諾，加美的酸度要高、單寧較低，果香更為開放而明顯，還帶有一些果汁感，加美成熟的時間也通常要比黑皮諾早。

4. 希哈 (Syrah/Shiraz)

希哈的故鄉是北隆河，它最知名的酒款是艾米達吉（Hermitage）與羅第丘（Côte Rôtie）。此品種在澳洲稱為希哈，在澳洲種的比北隆河多，如在天熱的巴羅沙谷（Barossa Valley）與麥克雷倫谷（McLaren Vale），此品種可釀出豐富、色深、濃厚、帶點甜味、如巧克力般甚至有時還帶些藥質的紅酒。

北隆河的風格就大為不同，即使艾米達吉亦能稱為濃厚，但北隆河希哈極不甜，還有難以忘懷的黑胡椒與皮革味，酒年輕時相當封閉。現在在許多新世界中，甚至是澳洲的生產者也會模仿羅第丘紅酒的透明感，刻意將它們的酒稱為 Syrah，而不是 Shiraz（雖然美國生產者一直都喜用 Syrah 此名，但酒的風格介於兩者之間）。

自 1990 年代起，希哈已成為全球生產者日益歡迎的熱門選擇，特別是在南非與隆格多克。

品酒試驗

比較 Shiraz 與 Syrah。前者最好來自澳洲，後者可以是澳洲或南非，但酒標要有 Syrah 字樣。感受後者更為細緻的程度。

---

5. 田帕尼優 (Tempranillo)

有著菸葉氣息的田帕尼優，是西班牙紅酒的主力。利奧哈、斗羅河岸與其它西班牙紅酒皆以它為主要品種。西班牙少雨，近年才實施灌溉，所以傳統上來說，葡萄樹的種植面積極廣（這也解釋了在世界最廣為種植的葡萄排行榜上，田帕尼優的名次如此之高的原因，相同的還有西班牙白酒葡萄主力阿依倫）。

此外，西班牙葡萄農發狂似地廣種葡萄，田帕尼優則通常是他們的首選──因為他們最近開始認為，比起在地的格那希（法國稱為 Grenache），田帕尼優更具有價值。（格那希較像果汁，較為清淡，或許因此被認不太重要。）在葡萄牙，田帕尼優稱為 Tinta Roriz 與 Aragonez，這也是除了西班牙外，唯一重視它的國家。

品酒試驗

比較現化派利奧哈與傳統派的差異。前者如 Artadi、Contador、Finca Allende 或 Roda 等酒莊的酒，後者的生產者像是 CVNE、La Rioja Alta、López de Heredia 或 Muga。這除了會讓你了解田帕尼優的味道，同時也可了解此品種在橡木桶陳年方式上的對比。

第一組用的是年輕的橡木桶（有時來自法國），桶陳時間較短；
第二組用的是老的美國橡木桶，桶陳時間較長，同時也是利奧哈當地的傳統。

---

6. 內比歐露（Nebbiolo）

內比歐露可說是義大利的黑皮諾。故鄉在義大利西北的皮蒙，想把它種在老家之外的地區？這個想法很誘人，但很困難！

它有著強烈的柏油、燻木以及玫瑰香氣，通常色澤暗淡、單寧明顯，而這種色澤與單寧的組合並不常見。

它在偉大的巴羅鏤（Barolo）與巴巴瑞斯柯（Barbaresco）表現最佳，可釀出極為長壽的酒款。此品種成熟極晚，且需要種在非常合適的葡萄園才行。皮蒙較差的葡萄園大多拿去種更活潑，如酸櫻桃般的巴貝拉（Barbera），以及更柔軟、易成熟的多切托（Dolcetto）——後兩者皆是當地特產的品種。

品酒試驗

試試這偉大的品種吧！只要簡單選一些買得起、買的到的酒款——像是 Nebbiolo d'Alba 或是 Langhe Nebbiolo，然後祈禱不要瘋狂愛上它就好了。酒窖中放滿巴羅鏤，會讓你大筆破財的。

---

7. 山吉歐維榭（Sangiovese）

這植於義大利中部的葡萄，比內比歐露更廣為種植，市面上也有許多低價劣品。但是如果謹慎選擇栽種材料，且限定產量，此品種可釀出最富托斯卡尼精髓的葡萄酒。

蒙塔奇諾布魯內洛（Brunello di Montalcino）產自此區南方較溫暖之地，是最具企圖心與陳年實力的酒款。古典奇揚替（Chianti Classico）則是來自於托斯卡尼中部較涼爽的山丘，也能表現出高雅與精緻——它通常有明顯的農家氣息，但不是那種令人不悅的香氣。

品酒試驗

準備一款便宜的山吉歐維榭品種酒（原則上，酒標可看到葡萄品種名），或許是來自 Romagna 的酒；另外再準備一款古典奇揚替（「古典－Classico」，有別於只標示奇揚替的酒款，此通常代表來自奇揚替地區的心臟地帶），它主要是由品質較好的山吉歐維榭釀成。

兩者皆有著明顯的酸度與強烈氣味。但是請注意，不論是從色澤或是依味道的深度來看，古典奇揚替都比較集中。山吉歐維榭不是那種時髦或討喜的葡萄品種，不過它有農村氣質——在好的生產者手中是相當迷人的。感謝托斯卡尼的丘陵啊！

Master Tip: 10 大栽種最多的葡萄

下表為最近期、最可靠的全球統計數字，由 2010 年起開始記錄。此統計根據葡萄園的區域，不以實際種植的葡萄株數計算。

1. 卡本內蘇維濃（Cabernet Sauvignon）

2. 梅洛（Merlot）

3. 阿依倫（Airen）

4. 田帕尼優（Tempranillo）

5. 夏多內（Chardonnay）

6. 希哈（Syrah/Shiraz）

7. 格那希（Grenache/Garnacha）

8. 白蘇維濃（Sauvignon Blanc）

9. 崔比亞諾・托斯卡納（Trebbiano Toscano）

10. 黑皮諾（Pinot Noir）

Chapter

12

你必須知道的葡萄酒產區：

小抄筆記區

必知的葡萄酒產區

這本書希望帶給讀者的都是精華。

當然，還有其他許多東西待你發現。你應該無拘無束地探索美麗的葡萄酒世界，讀更多書，或者上網（見第 191 頁提供的建議），甚至拜訪這些豐富的酒區，它們常常可以為美妙的假期增添幾分色彩。

現在這裡列出的，只是世界葡萄酒主要產區的一小部分。

主要葡萄品種（紅）與（白）是根據最近期且可靠的葡萄園調查，並依其重要性排列。

法國

　　法國與義大利爭奪誰才是世界上最豐富的葡萄酒生產國。法國同時也是以系統化的地理區域，來標示葡萄酒名的發源地（根據產區制定）。在法國，此系統稱為「法定產區管制」（Appellation d' Origine Contrôlée, AOC）。（這裡有個小問題，歐盟正在重新修訂品質標識系統，所以有些酒標現在寫成「法定產區保護」（"AOP"，其中 P 代表被保護者，Protégée）。但是現在不同了，新世代開始挑戰舊制度，他們賣酒時故意不加註任何地理標識，標籤上也僅寫「法國酒」，且有愈來愈多的人走向添加物極少的「自然酒」。

波爾多（Bordeaux）

> 紅葡萄：梅洛、卡本內蘇維濃、卡本內弗朗
>
> 白葡萄：白蘇維濃、榭密雍

　　法國西南部的個別生產者稱為「酒堡」（法文 châteaux 為「城堡」），即使它的酒是在小屋內釀造的。波爾多有全世界最貴的酒，眾所周知的「一級酒莊」──這種稱呼源於 1855 年成立的分級系統，當時將知名的酒莊分成五個級別，類似足球賽制。

　　這些葡萄酒是全球投資交易的商品，因此它的價格通常會遭到投機者哄抬。事實上，波爾多此區域的範圍廣大，比較普遍的是規模適度的「小酒莊」。

　　目前當地的生活困苦，因為小酒莊的生產成本比起列級酒莊並沒有特別低，可是酒的售價卻是相對低了許多。因此，波爾多提供了全世界最糟與最好的紅酒──位於吉倫特（Gironde）河口左岸的梅多克與格拉夫（近波爾多市），葡萄酒型態由不甜、可陳年的卡本內蘇維濃主宰；右岸的聖愛美濃與玻美侯，以及由流入吉倫特河的兩條河所夾成的「兩海之間」（Entre-Deux-Mers），品種則是以果香較多的梅洛為主。

　　法國西南的其它葡萄產區，像是多爾多涅（Dordogne）、貝傑拉克（Bergerac）與卡奧爾（Cahors）種的葡萄多半屬於大波爾多地區家族的品種。

勃艮第 (Burgundy)

紅葡萄：黑皮諾

白葡萄：夏多內

法國東部的個別葡萄農與葡萄酒生產者，稱爲「酒莊」(domaines，此字與「酒商」—— negociants 不同，後者是用買來的葡萄釀酒)。當地面向東邊的石灰石金色斜坡金丘 (Côte d'Or)，有著勃艮第最知名的葡萄園，但產量不到波爾多酒的 1/10，超過 2/3 都是紅酒。

這些酒是由小葡萄園拼湊而來的，每一片葡萄園都有自己的名字與等級，園址界域自中世紀以來即已仔細劃分。特級園約有 20 處左右，再來是一級園，接著是村莊級；其中有些來自於所謂的「區域」(lieux-dits)葡萄園，位階重要性低於一級園。

分級制度的底層則是地方的法定產區，名稱上有加 " Bourgogne"（法文的勃艮第）字樣，勃艮第爲數不多的超值好酒，都是來自於頂尖生產者所釀的地方性酒款。

許多村莊還在自己的村名之後，加上當地最有名的葡萄園，成爲更長的新村名。像是哲維瑞 (Gevrey) 對自己的香貝丹 (Chambertin) 園很自豪；或是香波 (Chambolle) 之於它無可比擬的蜜思妮 (Musigny)園。金丘的北半部是所謂的「夜丘」（此名來自於「夜」聖喬治鎮，Nuits-St-Georges），當地幾乎都是生產紅酒。

同樣的命名系統也可用於勃艮第白酒與最知名的白酒酒村——普里尼 - 蒙哈榭（Puligny-Montrachet）、夜聖喬治，以及梅索（Meursault）。這些白酒酒村位於金丘南半部的南方，也就是在伯恩丘（Côte de Beaune）——酒全不便宜。

這些種植位置精準的夏多內，全都在橡木桶內熟成。最近還出現了一個神秘且令人擔憂的問題：有些白酒變質，且過早失去果香。在大勃艮第區域遙遠的北方——夏布利，是由最銳利的夏多內釀成的，通常還不用橡木桶。而最好的夏布利是屬於慢熱型的超值酒。

薄酒萊／馬貢內（Beaujolais/Mâconnais）

> 紅葡萄：加美
>
> 白葡萄：夏多內

金丘的南方是夏隆內丘（Côte Chalonnaise），再往南行即是薄酒萊與馬貢內相鄰的區域。夏多內幾乎都來自於馬貢內，比起遠在北方的酒款，這裡的夏多內比較便宜，比較沒那麼嚴肅，果香較多，同時酒也較早熟，而這些都是當地酒款可以辨認出的特徵。

紅酒則來自加美，這種葡萄與勃艮第北邊所用的截然不同，適合釀成特別新鮮的酒，有時也可以冷涼享用（以冷涼的溫度喝紅酒並不是罪過啦！），酒在非常年輕時即可入口。最好的薄酒萊，則是來自優質村莊（cru）。

以下排列順序是依照酒體與陳年潛力，由弱至強 —— Régnié, Chiroubles, Chénas, St-Amour, Fleurie, Brouilly, Côte de Brouilly, Juliénas, Morgon 與 Moulin-à-Vent —— 這類酒的酒標上，很少會出現「薄酒萊」的字樣。

香檳區 (Champagne)

紅葡萄：皮諾莫尼耶（Pinot Meunier）、黑皮諾

白葡萄：夏多內

只有在巴黎東部接近迪士尼樂園的地方，用當地所種植的葡萄釀成氣泡酒，才可以稱爲香檳；其它的僅能稱爲氣泡酒。所有的香檳幾乎都是白色的，透過輕柔地壓榨兩種顏色的葡萄後，不留任何色素在最後的酒中。不過也有愈來愈多的香檳，最後是藉由加入紅色靜態酒，將其染成淺粉紅色。

大部分香檳都以不同年份調配（通常會有一個主導的年份），然後標以「無年份」（non-vintage, NV）出售。

一小部分香檳是由單一年份的，稱爲年份香檳。除此之外還有高級或豪華香檳，像是水晶香檳（Cristal）與香檳王（Dom Pérignon）──此定價是爲了吸引追逐身份、地位的消費者。（基酒如何變成氣泡酒？請見第 90 頁）

北隆河 (Northern Rhône)

| 紅葡萄：希哈
| 白葡萄：維歐尼耶、馬姍（Marsanne）、胡姍（Roussanne）

北隆河羅第丘陡峭山坡上生產的紅酒，有種通透感；往南一小時不到車程則是艾米達吉，它相對面積較小，山丘上產的酒較前者濃厚且堅實。St-Joseph、Crozes-Hermitage 與 Cornas 的價格比較可以負擔，前兩者加上艾米達吉，也有白酒的版本。然而此區最知名的白酒則是恭得里奧，它是由帶香水味的維歐尼耶葡萄釀成的，生長在羅第丘南方的山坡。上述這些酒的生產規模都很小，但皆具地區與歷史風格。

南隆河 (Southern Rhône)

| 紅葡萄：格那希、希哈
| 白葡萄：白格那希（Grenache Blanc）、維爾芒提諾（Vermentino）

這是一個範圍極大的酒區，為法定產區管制等級的酒，產量幾乎與波爾多相同。隆河丘與位階較高的隆河村莊級，可說是以量取勝的重要法定產區。最知名的當屬教皇新堡（Châteauneuf-du-Pape），使用了一籃子在地葡萄釀造，其中 Mourvèdre 是最重要的輔助品種，也日漸走紅。南隆河大部分是紅酒，Tavel 有些帶熾熱感的粉紅酒，許多產區也都有釀白酒，不過 Gigondas 是例外，只能生產紅酒，且此區的酒強烈、辛香、有力，如同較低處的教皇新堡。

羅亞爾河 (Loire)

> 紅葡萄：卡本內弗朗、加美
>
> 白葡萄：勃艮第香瓜（Melon de Bourgogne）、白梢楠、白蘇維濃

綿長的羅亞爾河連接了四個迥異且豐富的酒區，同時還包括沿途一些較小區域，這邊酒的風格都較為爽脆與輕盈。從上游開始是羅亞爾河谷的中央區，當地松塞爾與普依－芙美釀的酒非常類似，可說是法國白蘇維濃的原型（見第 116 頁），他們也有一些清淡紅酒，以及黑皮諾釀的粉紅酒。往西行沿河蜿蜒而下，來到圖爾（Tours）城周圍的都漢區，這裡則有著各種不同的白酒，甜的與不甜的，以白梢楠釀成，產區是梧雷與蒙路易（Montlouis）。

至於輕鬆、有時帶點尖酸的紅酒，主要品種是卡本內弗朗，知名產區為希儂與布戈億。持續往下游則是梭密爾（Saumur）與安茹（Anjou）的酒，前者以梭密爾為中心，後者則是昂熱（Angers）。在此羅亞爾河中段，主要品種同樣是卡本內弗朗與白梢楠，但也有用加美及許多在地葡萄釀成的一些清淡紅酒。

羅亞爾河河口周圍是廣大的蜜思卡得酒區，此酒款不甚流行，所以此區目前仍相對貧困。當地的酒是由勃艮第香瓜品種釀成的，最好的酒還帶有一點鹹味，而蜜思卡得酒與生蠔則是經典的餐酒搭配組合。

阿爾薩斯 (Alsace)

| 紅葡萄：黑皮諾
| 白葡萄：格烏茲塔明那、白皮諾、灰皮諾

　　法國東北邊境的阿爾薩斯曾是德國領地，葡萄酒也像德國的酒，酒標以品種標示——此舉非常不法國。不過現在的趨勢是直接標示葡萄園。有些葡萄農甚至拒絕標示葡萄名，偏愛直接以瓶中物的產地特質對外溝通，最明顯的就是這裡 50 多個的特級園。這裡主要生產白酒，不甜、不過桶、純粹，也充滿香氣。大多數阿爾薩斯白酒似乎都有隱隱的煙燻味，皮諾釀成的紅酒則是越來越好了。

隆格多克－胡西雍 (Languedoc-Roussillon)

| 紅葡萄：希哈、格那希、卡利濃、梅洛、卡本內蘇維濃、仙梭（Cinsaut）
| 白葡萄：夏多內、白蘇維濃、蜜思嘉、白格那希

　　此區極為遼闊，境內的葡萄園遍布，且多是深色皮品種，範圍自西班牙邊界起直至隆河南部。過去這裡似乎沒有什麼，不過就是大量生產許多低價的劣質酒、強而甜的蜜思嘉，以及來自胡西雍佩皮尼昂腹地的格那希。但是廿世紀晚期起，此區酒業見證了一場革命——那些多半位於肥沃平原，前景不太看好的葡萄園收到歐盟補助，政府也鼓勵農民將葡萄拔除。另一方面，以往大型生產者大量種植容易出售的便宜品種（如梅洛或夏多內），都以地區餐酒（Pays d'Oc）的級別出售，不過現在愈來愈多優秀、售價為外界低估的酒也開始出現了。

那些酒是由數百家小規模生產者釀製的，來自菲圖（Fitou）、高比耶（Corbières）、密內瓦（Minervois）、佛傑爾（Faugères）、聖西紐（St Chinian），由西而東等地區的山區，酒標有著上列產區的名稱，或是標上更為廣域的產區名——隆格多克。這些酒大部分屬於混調酒，多由本段標題後所列葡萄的前三種混合，常常會放些仙梭或慕維得爾（Mourvèdre）以添點辛香，對於展現地方風土特別有說服力。在過去，這一區的白酒有點沉重，有時還有橡木味，但現在不難找到令人興奮的品項，特別是來自胡西雍地勢略高之處的老藤，這些酒的酒標為 Côtes Catalanes。至於庇里牛斯山（Pyrenean）山腳，Limoux 則有一些值得推崇的氣泡酒，在靠近西班牙北方且位在海邊的 Banyuls，當地的加烈甜酒代表著法國，不讓葡萄牙波特酒專美於前；至於非加烈酒的版本，則是稱為 Collioure。

侏羅（Jura）

紅葡萄：普薩（Poulsard）、黑皮諾、特魯索（Trousseau）

白葡萄：夏多內、薩瓦涅（Savagnin）

此區介於勃艮第與阿爾卑斯山之間，以布列斯雞、孔泰起司以及黃酒（vin jaune）聞名——西班牙有不甜雪莉酒，法國則有黃酒。這裡的酒非常特殊，現在也有點流行起來了。此種酒酒精濃度適中，白酒則永遠香氣撲鼻、十分清爽。

義大利

　　義大利有著世界最多的在地葡萄品種，生產的酒還常比法國多。雖然它沒有法國在釀造高級酒的悠久傳統，不過現在義大利正以令人著迷的廣泛味道與風格迎頭趕上。這個國家每一個區域都有自己的個性與特有葡萄，不過葡萄酒的命名方式，其無政府的程度令人難以想像！

　　相對於法國的「法定產區管制」（AOC）制度，義大利則是「法定產區葡萄酒」（Denominazione di Origine Controllata, DOC），但是它又加了一級，成了「保證法定產區」（DOCG）。多了一個 G 代表著不僅是管制，還是一種保證（義文 garantita）。結果呢？出現了一堆售價高昂，但只列為「基本日常餐酒」（Vino da Tavola）的品項。

　　講到混亂，今天許多義大利酒只標示「地區餐酒」（Indicazione Geografica Tipica, IGT），然後再加上區域名稱，以及較為詳細的生產地名而已。

皮蒙（Piemonte）

| 紅葡萄：巴貝拉、多切托、內比歐露
| 白葡萄：蜜思嘉、科帝斯（Cortese）

內比歐露（見第 126 頁）生長在杜林南部朗給（Langhe）的丘陵，主要用來釀製巴鏤羅與巴巴瑞斯柯——這兩種都是義大利最為人尊崇的酒款。其中最佳的酒款就像是最好的勃艮第，以單一園形式展現。巴貝拉通常使用橡木桶，有點苦櫻桃味，生產的量也較多。

如果想喝年輕又比較可以負擔的皮蒙紅酒，不妨試試多切托（小甜甜）。皮蒙同時也是輕酒體、帶葡萄汁感的氣泡酒阿斯蒂（Asti）發源地。而這種由蜜思嘉葡萄釀的酒款，後來搖身一變成了國際商品。至於在皮蒙北方，奧斯塔（Aosta）谷地山腳則產出一款輕柔的山地型紅酒，它們以迷人、色淡的內比歐露為主，酒標有著像是 Gattinara、Ghemme、Lessona Boca，與 Bramaterra 等產區名稱。內比歐露的另一群組是瓦特霖納（Valtellina），此區位於瑞士邊境南方，鄰接倫巴底（Lombardy）。當地的內比歐露種植在阿爾卑斯山腳的南向坡，在強烈的日照下成熟。

鐵恩提諾－上阿第杰（Trentino-Alto Adige）

紅葡萄：特羅迪高（Teroldego）、拉奎安（Lagrein）、黑皮諾

白葡萄：夏多內、灰皮諾、白皮諾、白蘇維濃

　　義大利與奧地利之間的狹長谷地，是兩國交通的動脈，鐵恩提諾就在這谷地的南半部（此地陽光充足）。這裡大部分的葡萄園生產釀製氣泡酒基酒的原料，其中某些最佳區域稱為 Trento DOC，特羅迪高則是在地紅葡萄品種的支柱。沿谷地上行可至上阿第杰（德文「提洛爾南邊」之意），這一區有著德國水餃與阿爾卑斯山地農民的少女裝，德語與義語在此都非常普遍。除此之外，這裡有清淨的山地空氣，似乎為此區一系列以品種標示的酒款帶來清純動人的果味。此區白酒較紅酒多，世界上某些最好的釀酒合作社也在這裡。

弗里尤利（Friuli）

紅葡萄：卡本內弗朗、雷弗斯科（Refosco）

白葡萄：弗留利（Friulano）、灰皮諾、白蘇維濃、白皮諾、瑞波拉
　　　　吉亞拉（Ribolla Gialla）

　　弗里尤利是義大利酒區中，率先掌握現代白酒生產方式的區域。當地的酒新鮮且具風味，既有通透如晶的品種酒，亦擅長有趣的調配白酒。Collio 與 Colli Orientali 是最常見的法定產區葡萄酒，此地也是一種新潮白酒的誕生地，這種白酒怪誕、多單寧，顏色呈橘色，酒汁發酵時與葡萄皮接觸，培醞時不在橡木桶裡，而是在陶土燒製的大瓦罐中。這一種風潮甚至穿越了模糊的國界，進入了斯洛維尼亞最西側的酒區 Brda。

威尼托（Veneto）

| 紅葡萄：科維那（Corvina）
| 白葡萄：Garganega

　　威尼托是威尼斯腹地，傳統上以瓦波里切拉（Valpolicella）與索亞維（Soave）兩種酒最著名。不過現在最亮眼的是極成功的 Prosecco 氣泡酒，用的葡萄是舊稱為 Prosecco 的葡萄製成，並於槽中釀製。此葡萄現改名為格內拉（Glera），這樣 Prosecco 一字就可以註冊為專有（如果夠周延的話）的地理產區名稱，也就是說，旁人以後不得使用此名。Soave 的品質差異極大，現在的差異仍持續著，同時有愈來愈多的收成偏晚的深色葡萄，後以風乾的方式，釀成有力（有利）的 Amarone della Valpolicella。

托斯卡尼

> 紅葡萄：山吉歐維榭、卡本內蘇維濃
>
> 白葡萄：Trebbiano、Toscano

托斯卡尼（義文 Toscana）與皮蒙可說是義大利紅酒的心臟。味道撲鼻的奇揚替紅酒，生產量極大，多由山吉歐維榭品種釀成。葡萄種在佛羅倫斯南部氣氛宜人、柏樹成行的丘陵，最佳的酒款則來自中央最好的區域，稱為古典奇揚替。（在義大利全境，古典 [Classico] 代表一個酒區擴大其原始區域，擴大理由通常是來自於商業考量。）至於酒質更為集中，陳年潛力更佳的版本稱為蒙塔奇諾布魯內洛（Brunello di Montalcino），它來自更溫暖、更偏南的地區。Brunello 係山吉歐維榭在當地的稱呼。Vino Nobile di Montepulciano 與上述酒款類似，但聲譽略有不如。

而在托斯卡尼海邊的 Bolgheri 周圍，亦有一群充滿企圖心的生產者，他們受到 70 年代一款名為 Sassicaia 的原型酒影響，因而在此釀造品質頂尖的波爾多調配酒。托斯卡尼的不甜白酒甚為普通，多由非常中性的崔比亞諾‧托斯卡納（Trebbiano Toscano）品種釀成（在法國稱為白于尼 [Ugni Blanc]，主要用於蒸餾白蘭地）。最令人激賞的白酒是茶色、氣味濃郁的甜酒 Vin Santo（聖酒），以風乾的 Malvasia 葡萄釀製。

翁布里亞（Umbria）

翁布里亞就在托斯卡尼的南邊，爲陸地所包圍。它以來自 Orvieto 相當有意思的不甜白酒而自豪。另外，以 Sagrantino 品種釀的紅酒相當熾熱、強勁，可說是蒙泰法爾科鎮的特產，儘管如此，山吉歐維榭才是翁布里亞最常見的葡萄品種。

馬爾凱（Marche）

紅葡萄：山吉歐維榭、蒙鐵布奇亞諾（Montepulciano）
白葡萄：Verdicchio

此區最有名的葡萄酒產於亞德里亞海岸，是由 Verdicchio 葡萄所釀成的白酒。最佳酒款陳年後極爲漂亮，總有著一種檸檬特質，而 Rosso Conero 與 Rosso Piceno 是當地的紅酒。

坎帕尼亞（Campania）

紅葡萄：艾格尼科（Aglianico）
白葡萄：菲亞諾（Fiano）、Falanghina、Greco

拿坡里附近的葡萄園歷史，至少可上溯自羅馬時代。對我來說，相對偏全酒體的酒款似乎有著古典的尊榮！此區白酒帶有一種聞起來像樹葉的感覺。紅酒部分，陶拉西（Taurasi）有著梅李味與礦物感，可說本區最細緻、最堅實的酒款。此區不論白酒、紅酒，皆具陳年潛力。

普利亞（Puglia）

紅葡萄：尼格阿馬羅（Negroamaro）、金芬黛（Primitivo）、
Nero di Troia、瑪瓦西亞尼羅（Malvasia Nera）

白葡萄：Bombino Bianco、Minutolo

　　數十年來，在義大利「靴腳」這塊相對平坦、豔陽高照之地，大量
生產著色深而強勁的紅酒，通常還會往北運輸，幫更有名氣的酒款調配。
這種現象現今仍然持續著。但歐盟補助後，許多葡萄園已不再這麼做，
轉而生產品質較佳的酒，塑造自己的身分。這些酒多是紅酒，結實有力，
有時帶著明顯的甜感；至於此區的白酒同樣也是肌里發達，需要加酸以
維持鮮度；粉紅酒則是還沒那麼成功。

薩丁尼亞（Sardinia）

紅葡萄：格那希（Cannonau）、Carignano（Carignan）

白葡萄：Vermentino

　　外界慢慢開始了解這塊乾燥的島嶼有著無比潛力，世界各地已廣
為模仿它芳香、不甜的白酒 Vermentino，至於有力、豐富，帶火藥味
的 Carignano del Sulcis，來自薩丁尼亞島南端，則是我個人最喜愛的
Carignan 版本。

西西里（Sicily）

> 紅葡萄：黑達沃拉葡萄 (Nero d'Avola)、Nerello
>
> 白葡萄：Catarratto

　　西西里過去與普利亞同樣扮演著後勤補給的粗活，但是這個歷史上常為人征服的島嶼，現已成為義大利最令人激賞的酒區之一。此島西側由略為簡單的 Catarratto 品種支配，以往它是種來為了增加馬薩拉（Marsala）酒的產量的，今日則多為廚房所用。Nero d' Avola 有著甜櫻桃果香，算是西西里西部的紅葡萄主力品種。東部的葡萄園變化則較多，埃特納已成為熱門產區，生產通透而令人激賞的酒款，似乎呢喃著源於火山的身世。這些酒都是由 Nerello Mascalese 品種釀造，偶爾會看到 Nerello Cappuccio 品種。當地還有著各種不同的其它小酒區，通常具歷史意義。

西班牙

西班牙是所有國家中葡萄園面積最廣的，部分原因是當地降雨少，灌溉又不切實際，所以葡萄樹必須種的特別分散（法國與義大利葡萄酒生產量，遠遠多過西班牙）。除了一些博巴爾（Bobal）、格那希、田帕尼優外，在馬德里南方拉曼查這塊烈日當空的平原上，還種了一大堆阿依倫，它是中性的白葡萄品種，主要作為西班牙白蘭地的基酒之用，酒標上也很少能看到它的名字。

相對於法國的「法定產區管制」（AOC），西班牙的系統是「原產地名稱保護制度」（Denominación de Origen, DO）。數十年來，歐洲大部分葡萄酒產區的地圖，變動都不大，不過西班牙似乎持續出現新的產區─不是新種的葡萄樹，而是升級原有的葡萄園。

西班牙還有著各式各樣的小產區並未於此列出，像是比邊海岸巴斯克境內有酒體輕盈、帶氣泡的 Txakolina 酒；經納瓦拉到庇里牛斯山腳下的 Somontano 產區，以及地中海沿岸中部眾多的傳統酒區等，當地原為調配用厚重紅酒的來源，但現已漸漸轉型。即使不在西班牙陸地，位處極南的加那利群島，近來也產出一些迷人好酒。

加利西亞、別爾索（Galicia and Bierzo）

紅葡萄：格那希、Mencia

白葡萄：阿爾巴利諾（Albariño）、Godello

　　西班牙西北鄰大西洋的綠地，現已成為該國最清爽葡萄酒的流行源頭。在西部海岸似峽灣而往內陸凹陷的 Rias Baixas，這裡的葡萄常在由花崗岩柱支撐的棚架上生長——這具海水味的不甜白酒，通常標有品種 Albarino 字樣，與 Mino/Minho 河對岸由葡萄牙生產的青酒（Vinho Verde）並沒有什麼差別。

　　在 Ribeiro 與 Valdeorras（有著可釀成像勃艮第普里尼村白酒的 Godello 品種），兩地皆生產細緻的不甜白酒。陡峭的 Ribeira Sacra 谷地也產出不尋常的新鮮紅酒。比爾洛（Bierzo）就技術上來說，已跨越行政界線進入雷昂區，但酒風仍屬於同一範疇——有特出的（板岩）土壤，強調在地品種，並受涼爽的大西洋影響。至於果味很多、新鮮的 Mencia 品種，可說是比爾洛送給葡萄酒世界的禮物。

利奧哈（Rioja）

| 紅葡萄：田帕尼優、格那希
| 白葡萄：Viura（Macabeo）

利奧哈是西班牙優質葡萄酒的歷史產區。在十九世紀末，美洲當地的蚜蟲意外經由植物標本的出口，橫跨大西洋進入歐陸，造成葡萄根瘤蚜蟲病，摧毀了歐洲原有的葡萄樹。波爾多的生產者於是跨越庇里牛斯山來到利奧哈，尋求替代的葡萄酒來源，也因此讓利奧哈的酒業迅速發展。

當地的傳統是由小農種植葡萄（他們通常也自己釀酒），然後酒廠將酒購入混調，再放入小的美國橡木桶經過多年的熟成，這樣的作法讓利奧哈成為陳年最久的酒款之一，酒也一定要在橡木桶熟成多年之後才會上市。這種酒的色澤大多是淡紅色，帶有甜感，香草味則是來自於美國的橡木桶。

最令人推崇的是老酒，分級上的 Gran Reservas（頂級）至少需要五年，Reservas（陳年級）稍低一點，Crianza（精選級）則是要求一些橡木桶熟成時間，Joven（年輕酒）皆是年輕且多果香的型態。近年來，其它型態的利奧哈也紛紛興起。現在酒廠開始自行釀酒，風格也非常廣泛。色深、年輕的紅酒，更為集中地使用法國橡木桶，並以較短的時間培醞。此外，有愈來愈多的生產者（通常是單一酒莊或單一葡萄園）決定在他們的利奧哈酒中彰顯地理條件。

田帕尼優（見第 125 頁）主導了此區西側兩個受大西洋影響的次產區，即阿拉瓦省的 Rioja Alta 與 Rioja Alavesa；但是在海拔較低、受地中海影響的 Rioja Baja，葡萄則是較多汁且較甜的格那希。約有 1/7 的葡萄樹是皮色灰白的葡萄，釀成從清爽到以橡木桶為精髓、富陳年潛力的白酒。

斗羅河岸、胡耶達與多羅 (Ribera del Duero, Rueda and Toro)

| 紅葡萄：田帕尼優

| 白葡萄：維岱荷（Verdejo）

斗羅河在高原上一路西行，進入葡萄牙後則稱 Douro。它在西班牙境內串起了斗羅河岸、胡耶達與多羅三個產區。自 1980 年代起，特別是九〇年代，受到廿世紀巨星 Pingus 酒廠的酒價鼓舞，投資者瘋狂至此造訪，酒莊數目現已超過兩百家，其中許多只有投機的建築而沒有足夠的葡萄樹。斗羅河岸與利奧哈雖然基本元素相似（主要是田帕尼優品種，加上小橡木桶熟成），但嚐來非常不同。前者的顏色更深，有著更準確的口感型態，大概是因為海拔高度與夜間涼爽的氣候維持了它的新鮮，部分酒款的橡木味可能有些突兀。

田帕尼優在多羅稱為 Tinta de Toro，在此地亦是主力品種。多羅位在斗羅河岸產區的下游，此地較溫暖，所以釀出的酒更成熟、酒精更多、精力更為旺盛。這兩個紅酒產區之間的是胡耶達，它有著清脆、不甜的白酒，由當地的維岱荷葡萄釀成，還有一些白蘇維濃，這些都是西班牙相當受歡迎的酒款。同樣地，它的新鮮口感也是來自海拔高度。

加泰隆尼亞（Catalunya）

紅葡萄：格那希、卡本內蘇維濃、梅洛、田帕尼優、
卡利濃（Carinyena / Carignan）

白葡萄：馬卡貝歐（Macabeo）、薩雷羅（Xarello）、
帕雷亞達（Parellada）

西班牙東北充滿著美食活力。此區是巴塞隆納的腹地，生產著各式各樣不同的酒款，其中最知名的就是 CAVA 氣泡酒，由如香檳般的耗工方式釀成，絕大多數都產出自 Penedès 的 Sant Sadurni d'Anoya 小鎮周圍。傳統上來說，CAVA 是以標題所列的三個白葡萄品種釀成，但是釀香檳用的夏多內與黑皮諾也開始被使用了。

CAVA 的品質差異懸殊，但加泰隆尼亞有些非常細緻的氣泡酒──雖然有些極富企圖心的生產者不願冠上 CAVA 的法定產區名稱。至於普里奧拉（Priorat），在八〇年代前仍是沒沒無名的區域，現在已是本區紅酒的超級巨星（同時也生產肌理強壯的白酒），它以古老而低產量的格那希與 Carinena 作基礎，這些葡萄在當地暗黑的林克瑞拉岩質土壤生長，所以釀出來的酒款味道集中，嚐起來很像不情願離開溫暖岩石底層的酒。旁邊的蒙桑特酒款則相似，但比起來就稍微輕盈一些。

此區一些有趣的酒來自內陸地勢較高之處，像是 Conca de Barbera；更往內陸的 Costers del Segre 如今也出現新契機。至於位於卡拉瓦海岸的 Emporda 產區，釀出的酒有點像是它的法國鄰居胡西雍。

安達魯西亞（Andalucia）

▍白葡萄：Palomino Fino、Pedro Ximénez

雖然此產區最近有些針對非加烈酒的投資，也在龍達（Ronda）周圍太陽海岸的丘陵，重拾釀造蜜思嘉甜酒的傳統，但安達魯西亞基本上是雪莉酒的國度。

雪莉酒的重鎮在赫雷斯（Jerez），當我 1970 年代開始從事葡萄酒寫作時，我覺得赫雷斯就是世界葡萄酒的中心。不過由於過度生產、削價競爭以及形象問題，雪莉酒業自當時即走向衰退，這是極大的羞愧與恥辱，因為深植於傳統的雪莉酒是西班牙最特殊的葡萄酒——來自白堊土上的 Palomino Fino 葡萄，葡萄園位在赫雷斯周圍與白洗色的桑盧卡爾德瓦拉梅達（Sanlucar de Barrameda）小海港中，釀出的酒在老橡木桶裡陳年（傳統上來說，是在通風的酒窖裡），並以大西洋的微風降溫，但現在卻常置於平淡無趣的貨棧內，以電腦控制溫度與溼度。

雪莉酒的「加烈」是將無味的中性葡萄所得出的烈酒加入年輕酒中。由於一層看起來像是麵團，稱為黴花的酵母層阻隔，所以酒大部分都可維持新鮮。最細緻、顏色最淡的雪莉酒則是 Manzanilla 與 Fino，前者是 Sanlucar de Barrameda 的專長，喝來應該有點鹹味，因為此地就在海邊。它的酒精濃度僅 15%，幾乎只比炎熱氣候下所生產的非加烈酒高一點。

Amontillado 基本上則是老的 Fino、顏色更深的雪莉酒，像是Oloroso，熟成時沒有黴花且更強壯。而稱為 Cream 的雪莉酒，則因葡萄糖分集中而更甜，但不甜的 Oloroso 深受我們酒迷喜愛，不僅僅是因為它的價格極度為人低估，現在鑑賞不甜的雪莉酒也成了行家的象徵。

雪莉酒產區的東北方是較為溫暖的蒙德亞－莫利萊斯區域，這裡釀著類似，但稍軟的酒，最值得注意的是如牙醫夢魘般，極為黏稠的甜酒，它是由在地的 Pedro Ximenez 葡萄釀成，傳統上蒙德亞－莫利萊斯提供了赫雷斯製酒業所需的甜酒。

美國

　　美國是世界第四大葡萄酒生產國，因為加州就占了其中 90%的產量，所以加州可視為酒界的超級強權。不過由於實施禁酒令的深遠影響，現在想要在美國銷售葡萄酒非常複雜——不同機構設下了重重限制。同時，美國也是一個由移民組成的國家，這些移民來自許多葡萄酒的消費與生產國，但美國民眾擁抱葡萄酒的時間，卻是比一般人想像地晚了許多。

　　不過，千禧年的狂熱提升了葡萄酒銷售，美國總算超越法國成為世界最大的葡萄酒市場，不過它並沒有與法國「法定產區管制」（AOC）直接畫上等號的制度，而是以官方制定的「美國法定產區」（American Viticultural Areas, AVAs）來畫分葡萄產區的地理區域，其中像是華盛頓州的哥倫比亞谷（Columbia Valley），範圍廣闊（1100 萬英畝！）而且極度多變；其它像是納帕谷的鹿跳區（Stag's Leap）面積，不但比較小，也具有更高的同質性。

加州

> 紅葡萄：卡本內蘇維濃、金芬黛、梅洛、黑皮諾
>
> 白葡萄：夏多內、（法）高倫巴、白蘇維濃、灰皮諾

加州是葡萄酒世界的重量級角色。大量的葡萄酒出自日照強烈的中央谷地，並以通吃一切的產區名「加州」對外出售。眾所周知的品牌／生產者 E & J Gallo 經常居主導地位，同時也是世界上最大的葡萄酒生產者（Gallo 同時也涉足許多高價酒市場）。以下大略由北至南，列出加州較為有趣的葡萄酒區域。

門多西諾（Mendocino）

這是一個有著豐富民謠與地酒的產區。有機技術在此盛行，且早於其它區域。松林中的 Anderson Valley 葡萄園涼爽，足以生產精緻的氣泡酒，以及富香氣的麗絲玲與格烏茲塔明那。

索諾瑪（Sonoma）

納帕郡西北的索諾瑪郡，以「非納帕」而自豪——它沒有那麼豔麗俗氣，反而多了些素樸。此區有一些全州最涼爽的葡萄園，位在索諾瑪海岸產區西側，且鄰太平洋，這個產區範圍相當廣大，黑皮諾與夏多內是此區的主流。而此兩品種在俄羅斯河谷產區早就是主力，當地位處內陸，氣候也較為暖和；往北行（仍是必然溫暖與位處內陸）則是 Dry Creek Valley 產區，這裡以老藤金芬黛出名，有些葡萄樹是由義大利移民所栽種的，再來是廣闊的 Alexander Valley，一些良好的卡本內蘇維濃生長於此。

納帕（Napa）

納帕谷在 1970 年代早期，原本只是一個農業社區，後來成為全世界最迷人的葡萄酒區域。這裡有著上天賜予的必勝組合：自然的美景、可靠的日照，和鄰近舊金山灣的常規自然溫控，還有無盡的資金──除了南方的矽谷之外，無數成功的美國企業家皆熱衷以得來不易的財富，在此一圓葡萄酒夢想。納帕如磁鐵般吸引觀光客，周末的交通可能慢如蝸牛，但是它景緻、小型品酒課程以及餐廳足以彌補這個缺陷。

愈接近舊金山灣的葡萄園，也就是愈南邊的氣候愈涼爽，因此，橫跨納帕與索諾瑪郡界的卡內羅斯（Carneros）是此區最涼爽的區域。許多氣泡酒以及黑皮諾與夏多內靜態酒的生產者，都以卡內羅斯為目標。接下來略往北行，來到幾個非常有名的次產區，鹿跳區（Stag's Leap）、奧克維爾（Oakville）、拉瑟福德（Rutherford）以及聖海倫娜（St Helena），雖然這些都是納帕主力部隊的名稱，但這幾個次產區經常會混調，將這些名稱置於酒標上的實在少之又少。在這裡，卡本內蘇維濃主宰了葡萄園，它能釀出一些最濃厚、美味的作品。這些酒通常來自極成熟的葡萄，酸度與單寧比起波爾多而言較低，也因此不需要加入梅洛軟化。

謝拉山麓（Sierra Foothills）

這個通往內華達山脈的舊礦區，產酒量已不若以往了。它有一些特別的老藤，尤其是金芬黛，所以釀出的酒不乏鄉村氣息。這裡的地形不

若納帕谷，後者的葡萄園修剪整齊、精心維護，宛如雕像。

灣區以南

　　加州一些最精緻的酒款以及最老的葡萄樹，皆位在矽谷與太平洋之間，於孤立且地勢較高的聖塔克魯斯山（Santa Cruz Mountains）產區。至於蒙特雷郡的 Salinas Valley，則像是此區的風洞，位於南部，栽植了各式各樣的農作，包括產量達工業化水準的葡萄，品種也是相當廣泛。或許，最有趣的品種是種在地勢較高的黑皮諾，如 Santa Lucia Highlands 與 Chalone（要留心法定產區 Chalone 以及其同名品牌，後者名稱的使用方式現已相當自由），還有法定產區 Mount Harlan 的先鋒酒莊 Calera。

聖路易斯－歐比斯郡與聖塔巴巴拉（San Luis Obispo and Santa Barbara）

　　中央海岸是加州最大的「美國法定產區」。它從舊金山灣一直延伸到聖塔巴巴拉東側。這個區域，連前述的「灣區之南」區域也在其中。但實際上來說，中央海岸通常用來稱蒙特雷郡南方的聖路易斯－歐比斯郡（San Luis Obispo）與聖塔巴巴拉的區域，該區有眾多的大型商業葡萄園。

　　早期加州歷史的傳教士時期，聖路易斯－歐比斯產出全州最好的酒款，但是這裡的葡萄栽植卻是直到 1980 年代才狂熱地復興。聖路易斯－歐比斯北邊的是巴索羅布列斯，一個相對溫暖，有時甚至乾燥到有點危險的內陸地帶。當地為隆河品種包圍，近年栽植量巨幅成長。巴索羅布

列斯南方則是較涼爽的 Edna Valley AVA，由農業集團開發；至於較爲受限的 Arroyo Grande 產區，Talley Vineyards 則是其中的明星。

聖塔巴巴拉郡在 2004 年因電影《尋找心方向》，終於登上葡萄酒地圖，雖然它位在偏遠的南方，可是地理上卻深受來自太平洋的影響（涼爽）。而受此影響最深的，莫過於 2001 年成立的產區 Sta. Rita Hills（爲避免混淆，智利酒廠 Santa Rita 堅持該產區須以縮寫標示）。此產區位於離海岸僅數英哩的內陸，由於海風與霧的關係，即使仲夏也相當寒冷。

從此地再深入內陸，進入包圍 Sta. Rita Hills 的 Santa Ynez Valley 產區，氣溫開始上升，產區內最東邊的 Happy Canyon AVA，專精於全酒體的波爾多混調。Santa Ynez Valley 與其北邊 Santa Maria Valley 常處於競爭狀態，後者有著大片的葡萄園，略爲平坦且涼爽，其中的比恩·納西多葡萄園（Bien Nacido Vineyard）有著廣達 2000 英畝細心照顧的葡萄園，周圍有著其它蔬果等農作。在聖塔伊尼茲谷（Santa Ynez Valley）與聖塔瑪麗亞谷（Santa Maria Valley）之間，有許多葡萄園環繞著洛斯阿拉莫斯（Los Alamos）小鎮，它們的葡萄大多往北送裝瓶，滿足那些掛有加州大型酒業之名的酒款需求。

奧勒岡州（Oregon）

> 紅葡萄：黑皮諾
>
> 白葡萄：灰皮諾、夏多內

就像索諾瑪以「非納帕」自豪，奧勒岡州也以「非加州」自傲，在此地長居主導地位的是黑皮諾。奧勒岡的氣候更涼爽、灰暗、潮溼，葡萄酒生產者的規模也較小、較熱情，同時沒有那麼商業化。儘管葡萄因氣候陰溼而有染病壓力，但永續耕作在此成為主流的時間還是相對較早。此區心臟地帶是威埃密特谷（Willamette Valley — 重音在發短音的 a），杉木包圍了當地葡萄園。居次要地位的白酒 — 灰皮諾是很基本的選擇。但自從使用來自勃艮第的無性繁殖系後，夏多內的品質愈來愈令人興奮。

華盛頓州（Washington）

> 紅葡萄：卡本內蘇維濃、梅洛、希哈
>
> 白葡萄：夏多內、麗絲玲

作為西雅圖的腹地，華盛頓州在翻越喀斯喀特山脈（the Cascades）後，基本上就是一片沙漠，但是感謝哥倫比亞河與其它河川，此區有各種不同的作物，包括蘋果（現在還得加上葡萄）。雖然華盛頓是美國第二大的產酒州，但比起加州來說，產量還是非常的少。此地冬天極冷，有時葡萄樹還會因為低溫而受到致命的傷害。

當地釀出的酒果香特別明亮，種植的各葡萄品種也是如此。波爾多調配的紅酒是此區的特色，不過自 2000 年代中期起，華盛頓努力將自己定位爲麗絲玲的主要生產者，其中一部分得感謝當地主要酒廠聖蜜雪兒堡（Chateau Ste Michelle）的決心。希哈在此也是相當美味。

世界其它地區

葡萄牙

紅葡萄：Aragonez / Tinta Roriz（田帕尼優）
Castelão / João de Santarém/Periquita
Touriga Franca（多瑞加弗蘭卡）、
Trincadeira（特林加岱拉）/
Tinta Amarela（紅阿瑪瑞拉）
Touriga Nacional（國產多瑞加）、Baga（巴加）、
紅巴羅卡（Tinta Barroca）

白葡萄：Siria/Roupeiro、Arinto/Pedernã、Loureiro（洛雷羅）

　　看看葡萄牙最廣為種植的品種名單，滿滿都是當地、冷僻，加上同義字的葡萄名。這說明了葡萄牙是多麼特別的生產者，雖然此地種植一些卡本內與夏多內，但基本上對其原有特色仍是真心不移。

　　葡萄牙的酒，比起鄰居西班牙來說，較為不甜且更為緊實，酸度與單寧也較明顯。北部則有許多有趣的酒款，像是青酒（Vinho Verde）是一種用以出口的強健白酒，產在相當遙遠的北部地區。

斗羅河谷當地的酒與景觀同樣令人驚嘆（所有型態的波特酒 [一種紫色的加烈甜酒]，以及同樣以葡萄品種釀成的餐酒），或是專精於國產多瑞加品種，富陳年實力的唐（Dão）產區；以及巴拉達（Bairrada）產區，個性鮮明的巴加葡萄等。斗羅河谷、唐、巴拉達產區產的通常是紅酒，但極好的白酒也愈來愈容易取得。斗羅河谷可說是葡萄酒世界最迷人的區域，當地有景觀壯麗的葡萄園，大小酒莊零星散布於河岸上。

年份波特 vs. 單一酒園年份波特

年份波特：來自同一年份，僅在優異年份才釀製的波特酒王，需要數十年的瓶陳時間，才能展現它的真正實力。

單一酒園年份波特酒：物超所值，因為它成熟時間較早，且來自一些較好的葡萄園。

如果波特酒是在桶中而非在瓶中熟成，則稱為茶色波特酒。至於年輕、簡單，帶點紫色的則是紅寶石波特酒。茶色波特酒比起紅寶石波特酒，顏色稍淡，且偏褐色。

德國

| 紅葡萄：黑皮諾
| 白葡萄：麗絲玲、米勒－圖高（Müller-Thurgau）

　　德國酒業最近經歷一場革命，但遺憾的是，德國境外並沒有很多酒友了解此事。甜白酒目前已是少數。感謝氣候變遷的影響，葡萄現在可以全熟，不需要額外增加甜度，來轉移因葡萄未成熟帶來的銳利酸度。

　　德國是高貴、個性鮮明的麗絲玲家鄉（見第117頁），全境皆有種植，但在摩塞爾谷地（Mosel Valley），可說是達到奇蹟般的細緻頂點。許多酒的酒精度雖然不到10%，但卻可以陳年數十載。至於產區名有著萊茵（Rhein/Rhine）字樣的酒款，還有法茲（Pfalz），通常有點厚重，因為種植區域在更南方。

　　今天的德國同樣生產著令人驚喜、結實，常會過桶的不甜白酒，並使用灰皮諾（Grauburgunder）及白皮諾（Weissburgunder）葡萄品種。同時，德國也持續悠揚的傳統，在明確屬於大陸型的弗蘭肯（Franken）區，釀製細緻而富大地氣息的 Silvaner 品種。另外，Müller-Thurgau 是一種有點沉悶、早熟的葡萄，當麗絲玲無法順利成熟時，此葡萄即受到眾人歡迎。感謝上天啊！此一品種正在衰微！

不過，迅速登上高峰的是各式各樣的紅葡萄品種（甚至包括卡本內蘇維濃與希哈），最流行的是勃艮第紅葡萄（尤其是法國阿爾薩斯而下的萊茵河，巴登的對岸），可釀出日益細緻的酒款，只不過德國境內的需求讓它價格一直相對偏高。

德國一直在修正它的品質標識系統，所以基本上要看的是葡萄品種名、年份、生產者以及區域，不過要注意，酒標上若有"Auslese"（「精選」，特別當它是另一個字其中的一部分時），這代表該酒是甜的。

奧地利

紅葡萄：茨威格（Zweigelt）、藍佛朗克（Blaufränkisch）

白葡萄：綠維特利納（Grüner Veltliner）、威爾許麗絲玲（Welschriesling）、米勒 - 圖高（Müller Thurgau）、麗絲玲

奧地利有很好的理由可以推崇自家平均水準甚高的葡萄酒。生長在東部各酒區的綠維特利納（Grüner Veltliner）可說是奧地利的代表品種，它可以釀成全酒體，是非常精準、令人食慾大開的酒款，還有著強烈香氣，暗示著（對我來說）醃酸黃瓜與白胡椒。

Welschriesling 此品種與德國的麗絲玲無關，雖然德國人輕視此酒款，不過在布根蘭新錫德爾湖的周圍是可釀出一些非常好的酒，尤其是將它與夏多內混調後，口味是豐富而甜美的。

米勒‐圖高在此也是枯燥無味，但仍是有一些令人驚奇、地理感準確的酒款。麗絲玲產在多瑙河的瓦郝（Wachau）、克雷姆斯塔（Kremstal）以及坎普塔（Kamptal）產區。肌肉發達的白蘇維濃，則是位處東南 Steiermark（Styria）產區的特色。就像許多國家，奧地利曾與橡木桶與國際品種有著一段情感，但奧地利現在了解到，如果自家清爽的藍佛朗克謹慎使用橡木桶的話，表現會多麼地精采！茨威格則是多汁，富有濃郁果香，但欠缺嚴肅感的特產。

北歐

歸功於氣候變遷，北歐葡萄樹種植的區域正儘可能地朝極地延伸（北半球）。而英國逐漸受重視的葡萄酒工業，則集中在南部，這理由很明顯嘛。荷比盧三國，如今也都是認真的葡萄酒生產者，甚至丹麥與瑞典也釀造一些葡萄酒。

中歐、東歐、附近其它區域

瑞士

瑞士葡萄酒近年來進步神速，但是因為價格太貴，所以很難以任何規模對外出口。歐盟慷慨提供資金，協助許多東歐國家替他們的酒窖與葡萄園升級，而今天最有趣的兩個產酒國是斯洛維尼亞（詳見弗里尤利，143 頁）與（尤其是）克羅埃西亞。

克羅埃西亞

以瑪瓦吉雅（Malvazija）葡萄為基礎，生產吸引人的不甜白酒。克羅埃西亞同時也是知名葡萄品種的故鄉，也就是加州的金芬黛，亦是普利亞的金芬黛。

塞爾維亞

現在已開始生產一些令人印象深刻的國際品種。

匈牙利

有獨特的品種與葡萄酒型態，最出名的即是陳年實力極佳的多凱（Tokai）甜酒。現在還有不甜，由弗明（Furmint）葡萄釀成的品種酒，葡萄則來自境內偏遠的東北。

保加利亞

生產一些道地的優質酒款，主要是來自國際品種。

羅馬尼亞

本身有一些有趣的品種，正在快步趕上。

摩爾多瓦

很有潛力，廣泛種植國際品種，可惜受到嚴格的經濟限制。

烏克蘭

要出口更多的酒，還需一段時間。最有希望的酒區克里米亞半島落入了俄羅斯之手。

俄羅斯

冬天太冷，葡萄酒生產不易。

亞美尼亞

極小量且有趣的紅酒來自於此。

喬治亞

真正有趣的生產者。當地的葡萄酒完全嵌合於文化與宗教之中。原生葡萄釀出的酒款味道迷人，香氣更藉由傳統技法增強——將葡萄放入一種埋在土中，名為奎烏麗（qvevri）的陶甕中發酵。

地中海東部

希臘

就像葡萄牙一樣，在葡萄酒世界走自己的路。以在地葡萄生產出一些非常特殊的酒款——許多都產自島嶼中。在如此南邊的一個歐洲國家，與大眾預期相反的是，它擁有許多精緻的白酒，像是聖托里尼島的阿斯提可（Assyrtiko）品種，以及克里特島的在地品項等。在中世紀時，希臘的甜酒可說是價值最高的酒款之一。

土耳其

土耳其東部的安那托利亞與喬治亞之間，一般認為是葡萄種植的發源地。土耳其如同希臘一樣，有著極為強韌的葡萄酒文化。幾年前，它曾在國際市場初露曙光，但卻是曇花一現，現在則因政治體制紛擾而仍在掙扎。

黎巴嫩

很矛盾的是，許多中東的土地最早與葡萄種植的歷史相連，如今卻須遵循嚴格的伊斯蘭教義。黎巴嫩或許是這些例子中令人愉悅的例外，不管貝卡谷地（Bekaa Valley）離敘利亞的戰區有多近，當地總是可以生產出優質、強烈的紅酒，迷人的粉紅酒也持續在地圖上浮現。

以色列

以色列誕生了活潑的葡萄酒文化，並以加州為借鏡（價格也是，唉！）。

賽普勒斯

此地的葡萄園與酒窖正在升級，我屏息以待！

加拿大

> 紅葡萄：黑皮諾、卡本內蘇維濃
> 白葡萄：夏多內、維戴爾（Vidal）

　　加拿大兩個重要的酒區彼此相隔了數千英哩。安大略省集中在尼加拉，也就是知名瀑布的北邊——當地以冰酒聞名，那是一種由受凍葡萄所釀成的甜酒。當地冬天極冷，現在雖然比以前好一點點，沒那麼冷了。

　　現在夏天又熱到足以使葡萄完全成熟——即使是卡本內。安大略的夏多內與氣泡酒非常具有說服力；英屬哥倫比亞省則產出相當數量的葡萄酒，主要來自歐肯那根谷地（Okanagan Valley）內（景色如畫的湖泊沿岸）。大部分國際品種在此均有種植，味道特別具有果香且銳利，不過比起國境另一側的美國華盛頓州，並無太大的不同。

南美

阿根廷

紅葡萄：馬爾貝克、伯納達（Bonarda）、卡本內蘇維濃
白葡萄：夏多內、多隆蒂絲（Torrontés）

阿根廷除了種植上列品種，還種植了大量的粉紅皮葡萄，用來釀成非常基本的酒款，供國內消費使用。

在各品種中，豐富、成熟、如天鵝絨般、帶辛香感的馬爾貝克，可說是阿根廷葡萄酒的標記。此葡萄原生於法國西南的卡奧爾（Cahors），但阿根廷的酒款甚至比原產地的還受到外界歡迎（尤其是在北美）。

阿根廷葡萄園大部分位於安地斯山山腳，融化的雪水長期以來都是葡萄栽植的灌溉來源。此地緯度雖低，但有地勢高度與溫和的氣溫作為平衡。酒標上不難見到生產者刻意標出特定葡萄園的高度（通常超過1000 公尺。在歐洲，500 公尺已被視為葡萄種植的海拔上限）。

此地紅酒較為常見，但也有一些為市場所愛的夏多內──有點像是多些「石頭味」的加州酒。至於由多隆蒂絲葡萄釀成，濃烈、多香氣，傾向全酒體的白酒，則是此地另一個專長品項。

智利

| 紅葡萄：卡本內蘇維濃、梅洛
| 白葡萄：夏多內、白蘇維濃

智利的葡萄酒工業目前正面臨變化——原本以首都聖地牙哥附近作為根據地；在安地斯山旁，山的另一側即是阿根廷酒業之都門多薩（Mendoza）。

但是在這個狹長的國度，酒業正迅速地向南北發展，分布也變得十分綿長。地理上也許因為相對孤立，所以智利幾乎沒有什麼蟲害與疾病；氣候上則有著可靠陽光，（直到最近）還有充足供應的灌溉水源，這些似乎都提供了葡萄樹生長的理想環境。

當葡萄園的量重於質時，葡萄園會集中於肥沃的中央谷地，但是現在智利一些富企圖心的生產者，已經在受太平洋影響的涼爽區域建立了新產區，不管是相當遙遠的北部或南部，甚至還走向地勢較高的山地。長年來，智利一直僅釀造國際品種的葡萄酒，生產完全由少數幾個最有力的家族控制。不過新一代的生產者正在崛起，他們在偏南的馬烏萊（Maule）與伊塔塔（Itata）等地，以不灌溉的方式，發揮當地老藤的長處。

巴西、烏拉圭：同樣也生產著值得尊敬的酒款。

烏拉圭擅長品種：由西班牙巴斯克移民所引入的塔那（Tannat）。

南非

| 紅葡萄：卡本內蘇維濃、希哈、皮諾塔吉（Pinotage）
| 白葡萄：白梢楠、可倫巴爾（Colombard）、白蘇維濃、夏多內

　　如同智利，南非葡萄酒的景象已由新一波生產者復興。南非釀的確實是南非酒，而不是法國經典酒款的在地復刻版。而如灌木叢般的老葡萄樹，則種植在乾燥的麥田之間，內陸的斯瓦特蘭（Swartland）提供了最常見的釀酒素材。

　　比較起來，斯泰倫博斯地區（Stellenbosch）、法蘭舒克（Franschhoek）與帕阿爾（Paarl）的葡萄園，修整明顯較多，也較可能種植一些需灌溉的國際品種。南非與智利相同，有些產區因位處海岸，而較涼爽，有些則是因為地勢較高而較涼爽。另一個與智利相同之處是，南非葡萄酒有廣泛的型態與味道，價格也極具競爭力。這都是因為南非無疑是從政治孤立中而起，但仍在尋找通往社會平等之路的國家。

澳洲

> 紅葡萄：希哈
>
> 白葡萄：夏多內

葡萄酒是澳洲文化重要的一環，全境大部分地區皆有生產，包括涼爽、潮濕，足以生產高品質葡萄的區域，以及一些只能依賴灌溉的炎熱內陸。澳洲酒業 1980 年代晚期開始，自既有的基礎上出發，如今已成為全世界最積極的葡萄酒輸出國與研究發展重鎮。但澳洲也幾乎是自己成功下的受害者，因為許多品飲者將澳洲的釀酒技術與大眾市場做了聯結。

事實上，整個南澳有一群以精緻酒款為目標的獨立生產者，他們在絕佳的自然條件下，在酒窖與葡萄園內展現其技術與決心。充滿陽光（雖然愈來愈少）的夏多內，加上來自大集團、物美價廉的希哈等，這些都僅是澳洲葡萄酒故事的部分篇章。

獵人谷（Hunter Valley）的榭密雍（過了橡木桶且超甜的加烈酒）、冷冽如鋼鐵般的麗絲玲 ── 產自克萊爾谷與伊頓谷（Clare 與 Eden valleys）、艷陽下的巴羅沙谷所釀的希哈、精緻的皮諾 ── 來自摩寧頓半島（Mornington Peninsula）、亞拉谷（Yarra Valley），與塔斯馬尼亞島（Tasmania）、瑪格麗特河（Margaret River）的卡本內，以及蘇維濃／榭密雍的混調酒，還有遍布南澳與維多利亞省等，那些充滿自信的生產者，這些才是故事中更有趣、真正有著澳洲味的地方。

最好的酒款則傾向來自於理想、技術純熟，由家庭經營的酒莊。它們遍布澳洲，不過現已面臨新世代的加入，有時甚至也是個挑戰。這些新的生產者受到自然酒風潮的影響，重視地理特殊性勝於一切。而對於已準備走出超市超值酒外的消費者，現在則是澳洲酒令人興奮的時刻！

此外，如同紐西蘭，澳洲對品質低劣的軟木塞已失去耐心。旋轉瓶蓋有它的便利性，至於那些喜歡旋轉瓶蓋的消費者，則是大部分澳洲酒的目標。

紐西蘭

| 紅葡萄：黑皮諾
| 白葡萄：白蘇維濃

没有其他國家像紐西蘭一樣，如此以自己的葡萄酒爲榮！此地的白蘇維濃是大眾歡迎的酒款，不僅是當地人，同時也受澳洲與英國人歡迎。我們可能容易認爲標題所列的兩個品種，道盡了紐西蘭酒的大部分故事，不過葡萄農以及許多消費者也是全心全意地投入這兩款品項。

在北島與南島，特別是南島，投入生產消費者容易接受的白蘇維濃型態（見第 116 頁），因此商業上獲得巨大的成功。這種酒款即是大幅擴張的馬爾堡的專長，清脆的酸度與豐富繁茂的果香，特別容易品飲，可說是紐西蘭酒的註冊商標。如今也有愈來愈多的生產者，走向精妙且具有陳年潛力的酒款。

亞洲

　　葡萄樹在亞洲各地均有生長，有時甚至種在最不可能的地方，這都要歸功於葡萄酒在此區域成為流行的飲品、休閒興趣以及地位象徵。中國的成長最戲劇化，根據它本身所提供的資料，就葡萄園面積而言，中國正與美國角逐世界第四名。

新世界 vs. 舊世界的酒

直到廿世紀末，像我們這樣的葡萄酒愛好者，沉浸於歐洲葡萄酒與其它生產者之間的差別。而舊世界的酒，比起新世界的酒，似乎在年輕時較為拘謹，同時有較長的陳年潛力。

舊世界的酒：酒標上有地理名稱標識，也就是所謂的產區。

新世界的酒：酒標記載著品種，也就是葡萄名稱。

新世界的酒比較像是科技產品；而雙手長滿繭的農夫，仍是歐洲葡萄酒區的靈魂。許多釀酒師出現在歐洲不知名的酒窖傳布福音，他們認為，在所有理想的葡萄酒屬性中，清新感是次於果香最重要的事。

但是來到廿一世紀，歐洲與其它地區的差別愈來愈模糊了。幾乎每位積極的葡萄酒生產者，不論身處何地，都能透過旅行獲取其它地區完全不同的經驗。

同時，感謝網際網路，他們可以與全世界接觸，每個人也都可以從別人身上學到一些不同的東西。

不論在哪，每個人幾乎都有著相同理念：在酒窖裡，以幾乎不干預的方式，盡可能正確地傳達風土。

　　酒的品質已不再是由生產者每年購買多少新的小橡木桶來衡量，也不是看葡萄在多熟時採摘。酒精度下調、大型且舊式的橡木桶與水泥槽，比起新橡木桶更加流行，而對大部分生產者來說，不管他們在哪裡，也都是這麼認為。

附錄

葡萄酒必備詞彙表

此表為圈內人的葡萄酒語言。

酸 (acid)

酸是任何飲料最基本的成分，它可保持酒的新鮮，避免有害的細菌，見〈品酒的四個步驟〉以及〈79 個必學的品酒詞彙〉（第 36 頁至 50 頁）。

添加物 (additives)

大部分的酒都有加一點硫；工業生產的酒可能有著範圍極廣的化學添加物，包括酵母的養分、酸、單寧，以及防腐劑。我支持將酒內的成分列出。

酒精 (alcohol)

沒有它，酒就僅是果汁而已。發酵讓葡萄中的糖變成酒精。

產區 (appellation)

產區是受管制的地理標識，是法律認定的區域，如美國的「美國法定產區」（American Viticultural Areas），可廣至數百萬英畝以上；產區也是一套規範，（如法國的「法定產區管制」AOCs 或 AOPs）不僅指出酒從哪

來，同時也標明葡萄是如何種植、各品種及其比例、葡萄是如何收成的、酒是如何釀、如何陳年的。義大利的產區稱為「法定產區」（DOC）與「保證法定產區」（DOCG）；西班牙稱為「原產地名稱保護制度」（DO）。

調配 (assemblage)

通常用於表示酒中各不同品種的精確比例；同時也用於指稱調製新年份酒款的過程，特別是市場歡迎的波爾多酒。

盲飲 (blind tasting)

品酒時不知道飲用的內容為何。半盲飲是指品飲某個範圍內的酒，你知道酒款名單，但不知哪瓶酒是哪款。

瓶陳（瓶中熟成）(bottle age)

酒於發展後的品質，是其在瓶中成熟後的結果。此與年份無直接關係，僅是酒在瓶內待上一段時間後所出現的變化。酒的構成物因獲得時間的幫助而彼此作用，同時生成更有趣的化合物——單寧因此沉澱，酒嚐來也就沒有那麼堅硬。

呼吸 (breathing)

有人相信打開一瓶酒後將其直立，可以讓酒在飲用前「呼吸」。見〈為什麼要醒酒？〉（第 103 頁）

二氧化碳 (carbon dioxide)

發酵過程中所釋放出的氣體；亦可在氣泡酒中溶解。

二氧化碳浸泡法 (carbonic maceration)

釀酒技術的一種。目的是用來生產果香特別豐富、低單寧的酒款。方法是將整串葡萄放入密封的酒槽中發酵。此法過去曾在薄酒萊區大量使用，在隆格多克－胡西雍，則是用來軟化由堅硬的卡利濃（Carignan）葡萄所釀出的酒。

添糖 (chaptalization)

在尚未發酵的葡萄汁內加糖，增加所釀出酒的酒精濃度。見〈我的酒含多少酒精？〉（第 32 頁至 33 頁）

酒堡／酒莊 (Château)

波爾多的酒莊通稱為酒堡（château，法文中的「城堡」），建築物大小不拘。

紅酒 (claret)

傳統上，英國以此字來稱呼波爾多紅酒。通常指酒體相對為輕，年輕時有著適度單寧與酸度的紅酒。

列級酒莊 (classed growth)

在 1855 年巴黎世界博覽會上，波爾多的葡萄酒仲介商將 60 家酒莊根據酒的售價，分成了五個級別。信不信由你，不過這套系統目前仍在使用，從「一級酒莊」（最棒的），一直到「五級酒莊」。

無性繁殖系 (clone)

同一科的葡萄樹均由單一母株而來。經由無性繁殖系的挑選，可以追求其特別屬性，像是產量、抗病性，或者色澤。可與馬撒拉選種（massal selection）互相比較。

村 (commune)

法文中的「村」，義大利文稱 comune。

葡萄園 (cru)

字面意義可稱之為「級」，所以 Premier Cru 即是「一級園」——它在勃艮第十分特殊，至於特級園則更是不同。在義大利，此字指的是特殊的葡萄園，具有明顯的特性。然而在薄酒萊優質村莊（Cru Beaujolais）中，此指酒出自於十個較好酒村中的一個。（見第 135 頁）

列級 (cru classé)

法文。列入分級制度中的生產者／酒莊。

封閉槽 (cuve close)

從字面即知其意。法文「封閉的槽」之意，以大槽法釀製氣泡酒。

酒莊 (domaine)

在勃艮第，此字如同波爾多的「酒堡」，但許多都是非常小的酒廠，通常包括了不同葡萄園裡的幾行葡萄樹，且分屬不同產區。

發酵 (fermentation)

葡萄中的糖分受酵母影響，轉化為酒精與二氧化碳的過程。

同園混釀 (field blend)

將同一葡萄園裡所種的不同品種葡萄混合釀造，有些酒即以此方式製成。

水平品飲 (horizontal tasting)

品飲（通常互有關聯）之同一年份酒款。

馬撒拉選種 (massal selection)

將同品種的多株葡萄樹加以混合，其間品質相異。

酒莊內裝瓶 (mis(e) en bouteille au domaine/château)

法文的「在酒莊『葡萄生長地』裝瓶」──這是好事。

未發酵的葡萄汁 (must)

介於葡萄汁與葡萄酒之間的汁狀半成品，可能包含葡萄皮、籽，以及部分的葡萄梗。

自然酒 (natural wine)

時髦的葡萄酒型態，添加物甚微。（見本書第 93 頁）

無年份 (non-vintage)

非於同一年份生產的酒，由不僅一個年份的酒加以調配（市售香檳有超過 90% 以上皆屬如此）。或者，在低價酒中，酒並無標出年份，因此相同的酒標即可標記任何年份間的調配。

橘酒 (orange wine)

以釀製紅酒的方式釀造白酒，發酵時酒汁接觸葡萄皮，因此橘酒特別色深，且有相對明顯的澀度。

小酒莊 (petit château)

波爾多域內數百間規模較小、風采稍弱的酒莊。

氣泡酒 (sparkling wine)

葡萄酒中有氣泡但非香檳的酒款。

靜態酒 (still wine)

非氣泡酒的酒。

三氯苯甲醚 (TCA)

三氯苯甲醚的縮寫，這是軟木塞生霉引起污染的最常見原因。

（見第 63 頁）

傳統式（釀造法）(traditional method)

釀造香檳的傳統方法，其它地區常模仿。

品種的（酒）(varietal)

「品種」的形容詞，主要是用來描述酒由標註的單一葡萄品種所釀成。

品種 (variety)

單一葡萄樹種內（通常是釀酒葡萄 [Vitis vinifera]）的各種不同葡萄。

垂直品飲 (vertical tasting)

品飲同酒款的不同年份。

年份 (vintage)

葡萄酒術語，用以代表葡萄酒收成於單一年份，與其相對的是無年份葡萄酒，它有可能是由超過一個年份的酒混合而成。在北半球，葡萄酒是葡萄生長季節當年的產品，因為葡萄收成多半是在九月或十月（這亦稱之為年份）；但就南半球的葡萄生長季節而言，葡萄收成約在（翌年）二月或三月，已是前一年的延伸。

釀酒葡萄 (Vitis vinifera)

歐洲的葡萄樹種，今日幾乎所有的葡萄酒都是由它而來。此葡萄樹下有著不同品種——就像所有的植物亦是。至於美洲的葡萄樹種，則傾向釀出味道十分獨特的酒，其中，康科德（Concord）葡萄是最廣為種植的美洲葡萄品種，它是大部分美國葡萄汁與果凍的來源。

酵母 (yeast)

　　微小但非常多樣的菌類，擁有將葡萄糖轉爲酒精的能力。出現在酒莊周圍環境或葡萄園的酵母，可形成自發式發酵或是自然（野生）發酵，部分人認爲這樣釀出的酒更富特色，但其結果卻是難以預測的。至於培育的酵母，特別是因其可展現不同屬性而篩選出的，使用風險通常較低。

單位面積產量 (yield)

　　單位面積內酒或葡萄的生產量。在歐洲，單位面積產量通常是以「每公頃幾百公升」表達；歐洲之外則以「每英畝多少噸」較爲常見。一般來說，單位面積產量愈低，酒的集中度愈高，但是如果沒有將單位面積產量降得非常低，葡萄樹通常會比較自在，且較均衡。若希望將單位面積產量壓至很低，常是藉由大量的枝葉修剪達成。

更多資訊

想要持續充實葡萄酒知識，可參考下列網站或書籍：

• JancisRobinson.com

此網站的內容每日更新，有超過 10 萬筆品飲紀錄，以及 1 萬篇以上文章，其中約 1/3 是免費閱讀。

• 《世界葡萄酒地圖（第八版）》（The World Atlas of Wine, 8th edition）

詳盡繪出各國葡萄酒的產區，附有精選的酒標與說明文字。

• 《牛津葡萄酒辭典（第四版）》（The Oxford Companion to Wine, 4th edition Almost a million）

一本幾乎是百萬字的著作，以字母順序排列，處理 4000 個葡萄酒相關主題，包括歷史、地理、葡萄品種、科學，以及重要人物與生產者。

• 《釀酒葡萄：1368 個釀酒葡萄品種的完全指南，包括起源與味道》（Wine Grapes: A Complete Guide to 1,368 Vine Varieties Including Their Origins and Flavours）

你所需知道有關釀酒葡萄的一切。

• Wine-Jancis Robinson' s Shortcuts to Wine Success

葡萄酒－珍希絲・羅賓森的葡萄酒成功捷徑：錄影教學課程（Udemy.com 網站）

> 對於本書相關的進一步訊息，包括建議品飲的特定酒款，可參考：www.24hourwineexpert.com 網站。

THE
24-HOUR WINE EXPERT

世界級
葡萄酒大師

品酒超入門

（暢銷新版）

作　　者	珍希絲・羅賓森 Jancis Robinson
審　　譯	屈享平
責任編輯	陳姿穎
內頁設計	逗點創制Dotted Design
封面設計	任宥騰
行銷企劃	辛政遠、楊惠潔
總 編 輯	姚蜀芸
副 社 長	黃錫鉉
總 經 理	吳濱伶
發 行 人	何飛鵬

出　　版　創意市集
發　　行　英屬蓋曼群島商家庭傳媒股份有限公司城邦分公司

香港發行所
城邦（香港）出版集團有限公司
香港灣仔駱克道193號東超商業中心1樓
電話：(852) 25086231
傳真：(852) 25789337
E-mail：hkcite@biznetvigator.com

馬新發行所
城邦（馬新）出版集團
Cite (M) SdnBhd
41, Jalan Radin Anum, Bandar Baru Sri Petaling,
57000 Kuala Lumpur, Malaysia.
電話：(603) 90578822
傳真：(603) 90576622
E-mail：cite@cite.com.my

展售門市　台北市民生東路二段141號7樓
製版印刷　凱林彩印股份有限公司
二版一刷　2021年8月
I S B N　978-986-0769-33-3(平裝)
定　　價　320元

若書籍外觀有破損、缺頁、裝訂錯誤等不完整現象，想要換書、
退書，或您有大量購書的需求服務，都請與客服中心聯繫。

客戶服務中心
地址：10483 台北市中山區民生東路二段
　　　141號2F
服務電話：（02）2500-7718、
　　　　　（02）2500-7719
服務時間：週一至週五 9：30～18：00
24小時傳真專線：（02）2500-1990～3
E-mail：service@readingclub.com.tw

國家圖書館出版品預行編目(CIP)資料

世界級葡萄酒大師：品酒超入門(暢銷新版)/珍希絲・
羅賓森(Jancis Robinson)著；屈享平審譯. --二版. --臺北市：
創意市集出版：英屬蓋曼群島商家庭傳媒股份有限公司
城邦分公司發行, 2021.08
　面；　公分
譯自：The 24-hour wine expert
ISBN 978-986-0769-33-3(平裝)

1.葡萄酒 2.品酒

463.814　　　　　　　　　　　　　110013217

The 24-hour Wine Expert by Jancis Robinson

Copyright: ©2016 by Jancis Robinson
This edition arranged with the Andrew Nurnberg
Associates International Ltd.

Traditional Chinese edition copyright: 2016 PCUSER
Publishing Co/PChome, a division of Cite Publishing Ltd.
All rights reserved.